Photographic Guide to the

Jumping
Spiders
of Hong Kong

香港跳蛛圖鑑

跳 蛛 • 蠅 虎 • 金 絲 貓

詹肇泰編著　萬里機構・萬里書店出版

跳蛛・蠅虎・金絲貓
香港跳蛛圖鑑
Photographic Guide to the Jumping Spiders of Hong Kong

著　者
詹肇泰(啟源智滙有限公司)

攝　影
詹肇泰(啟源智滙有限公司)

編　輯
布嘉文

出版者
萬里機構・萬里書店
香港鰂魚涌英皇道1065號東達中心1305室
電話：2564 7511　傳真：2565 5539
網址：http://www.wanlibk.com

發行者
香港聯合書刊物流有限公司
香港新界大埔汀麗路36號中華商務印刷大廈3字樓
電話：2150 2100　傳真：2407 3062
電郵：info@suplogistics.com.hk

台灣總代理
聯合出版有限公司
台北縣新店市中正路542-3號4樓
電話：02 2218 0345　傳真：02 2218 1011

承印者
中華商務彩色印刷有限公司

出版日期
二〇〇七年七月第一次印刷

ISBN 978-962-14-3491-3
Published in Hong Kong

自序

　　很清楚記得三十年前小時候所居住的環境，一幢在九龍區的住宅大廈，房子有一個小陽台，陽台上有十多個盆栽，還設有一個小魚缸，這樣的小環境吸引了一些昆蟲，並吸引了一些以昆蟲為食的小東西。家父教了我這些烏黑和會跳的小東西統稱作「金絲貓」（花蛤沙蛛），還把金絲貓和小果蠅一同關進了透明的小藥瓶，讓我看清楚金絲貓是如何捕食果蠅。

　　小時候，金絲貓是家中的常客，有機會總會嘗試飼養金絲貓，不是用來作比鬥，只是想看看牠們的行為罷了。我愛看金絲貓，牠們目光銳利、身手敏捷、思考精確、色彩豐富和結構完美，一看便會看上一句鐘或以上，百看不厭。有一次，我把一隻黑色的金絲貓和另外一隻暗褐色的金絲貓放在同一個瓶子。很奇怪，牠們不但沒有打鬥，暗褐色那隻沒有移動並縮作一團，任由黑色那隻在牠背上前前後後的遊動。噢！那時候我才知道原來這就是金絲貓的交配行為，原來同種金絲貓的雄性和雌性外表花紋和顏色是可以不一樣的。

　　自1999年起，我投入了香港的生態保育和研究，由任職漁農自然護理署期間專門研究香港的雀鳥生態，然後在大埔創立香港首個私營蝴蝶保育區。另外，還參與統籌由香港觀鳥會發起的香港燕子普查計劃，以及探討極具爭議的沙羅洞生態等等。幾年過去，學了一些雀鳥、蝴蝶和蜻蜓的知識，做了一些有關的研究，寫了一些學術文章及生態科普書籍，從中更感覺到學而後知不足，要認識自然界博物的奧秘還有很長的道路。

　　二十年的願望，終於在2007年達成。《跳蛛‧蠅虎‧金絲貓 － 香港跳蛛圖鑑》一書是首本有系統講述香港跳蛛的科普書籍。其實生活就好像是在一條螺旋樓梯上遊走，當走了一個、兩個甚至多個圓圈的時候，如果只從上而下的角度看，就像兜兜轉轉在原地踏步，沒有上移過。但從地平線的角度看，當我每走完一整個圓圈的時候，已不知不覺間上了一層樓，而中間走過的梯級是登樓不可缺少的過程，當中更少不了伴着一起走的人。

　　唐代詩人王之渙之「欲窮千里目，更上一層樓」，與我的一層樓又有着同及不同。

詹肇泰

2007 年於中國香港

前言

　　跳蛛、蠅虎和金絲貓，這三個不同的名詞所說的是同樣的小東西（跳蛛科蜘蛛生物），分別是兩岸三地中國大陸、台灣和香港的人們所用的名稱，也表現了兩岸三地文化及學術上的差異，從小東西引伸出這種差異，大大不利中華學術研究的長遠發展。

　　本書會盡量兼容兩岸三地的名字，喜歡比鬥跳蛛的人也許會對本書感到失望，因為這裏不會有關於鬥跳蛛的資料，甚麼「老篤」、「紅孩兒」和「撲」等香港道地的鬥跳蛛詞彙，都不會納入本書之內。我不愛鬥跳蛛，害怕看見任何一隻跳蛛在人為的設定環境下受傷害，更不忍目睹跳蛛同類相吃的情景。

　　中國大陸所用「跳蛛」一詞的字面意義，同時表達了小東西的分類和行為特徵：指會跳的蜘蛛，而且跳蛛一詞跟西方科學系統的同義字最接近，英文稱作 Jumping Spiders，分類學上稱作 Salticidae（拉丁文 Salto 的意思是跳舞）。

　　台灣所用「蠅虎」一詞的意義表達了小東西的食性，虎是一種食肉獵獸，蠅是昆蟲的一類，是小東西愛吃的獵物。蠅虎是指捕捉蒼蠅為食的小東西，但是蒼蠅只是牠們其中一種獵物。蠅虎一詞最具歷史依據，距今約一千七百年前，由晉人崔豹撰寫的《古今注》，其中《魚蟲》一卷已提及蠅虎一詞，「蠅虎，蠅狐也。形似蜘蛛，而色灰白。善捕蠅，一名蠅蝗，一名蠅豹。」

　　香港所用「金絲貓」或「豹虎」一詞最具聯想性，豹和虎同樣是貓科食肉獵獸，豹虎一詞相信是形容小東西在捕獵時有如豹和虎一樣的兇猛，而小東西的一對前眼看似貓兒圓圓生光的眼睛，金絲貓一詞可能是形容這小東西的身手和眼睛似貓，也可能形容某些物種身上覆蓋着金色如絲的細毛，或是小東西末端總拖着細長的蛛絲而起名為金絲。台灣人和香港人均以擅長跳躍的貓科動物（貓、豹和虎）來形容這小東西，在捕獵時像貓科動物一樣靜靜移近獵物，然後一躍而上。

　　我是以業餘的性質統計香港跳蛛的種類，沒有設下專門捕蛛的陷阱，野外考察在春季至秋季的日間進行，樣本以拍攝方式記錄，搜集跳蛛樣本的地點主要集中在普遍擁有高生態價值和物種豐富的地區。由香港的東至西，包括坑口、蠔涌、大潭、烏蛟騰、鹿頸、鳳園、沙羅洞、大埔滘、大

棠、元朗公園和龍鼓灘等地點。由於在野外拍攝跳蛛較難全面地把其特徵記錄，因此書中的跳蛛照片大多在室內環境拍攝，待拍攝完畢後放回野外。

香港的地理位置和歷史因素特殊，對外交通和貿易頻繁，經常引入外來植物作郊野植林、城市綠化和觀賞之用，非原生的跳蛛有機會意外地引進，因此香港的跳蛛種數很可能超越應有的生物地理分布和估計。而學術界辨別跳蛛很是專業，在文獻上不容易看到業餘人士慣常使用的跳蛛相片來方便鑑別，專業的鑑別須用上顯微鏡仔細觀察跳蛛幾項身體結構特徵，主要包括觸肢、螯肢、外生殖器及足部等結構，還要量度眼列寬度，頭胸和腹部長度，以及每對足肢上每節的長度等等，較詳細的文獻也只會附以跳蛛的黑白素描繪圖，所以在專業鑑別時需要製作跳蛛標本。我以跳蛛愛好者的身份來研究此小東西，純粹是業餘性質，所以沒有製作一系列跳蛛標本作私人收藏，也沒有弄死一隻跳蛛來方便鑑別，原因只是尊重每一個生命。其實始終是一項個人興趣和與大眾分享，無須用別的生命來滿足私人的欲望。

目前中國有記錄的跳蛛約有 400 種，可是只有少數物種在文獻上有詳盡的外表描述，以供參考。除了工具書及資料不足外，雄性和雌性跳蛛之間，以及幼蛛、亞成蛛和成蛛之間外表上的差異，這些因素也大大增加鑑別上的困難。幸好！手上擁有一本由我國跳蛛專家彭賢錦、謝莉萍和肖小芹於1993年合編著的《中國跳蛛》一書作為跳蛛分類和中文名字的基礎依據，記述了我國46個屬130種跳蛛。同時，本書的跳蛛分類是參考由世界著名大師級跳蛛專家普薛斯基 (Jerzy Proszynski)製作的 2006 年版 Global Species Database of Salticidae。

本書已收錄39屬77種香港可見的跳蛛，其中有13個跳蛛樣本只能鑑別其屬，香港首次發表的跳蛛有42種。我雖已盡力為香港的跳蛛鑑別其種，退而求其次則鑑別其屬，但相信仍有很多未能鑑別或出現錯失，望各讀者指正，惟望本書的資料及有關跳蛛的觀察有助豐富我國在跳蛛研究的認知。

目錄
Contents

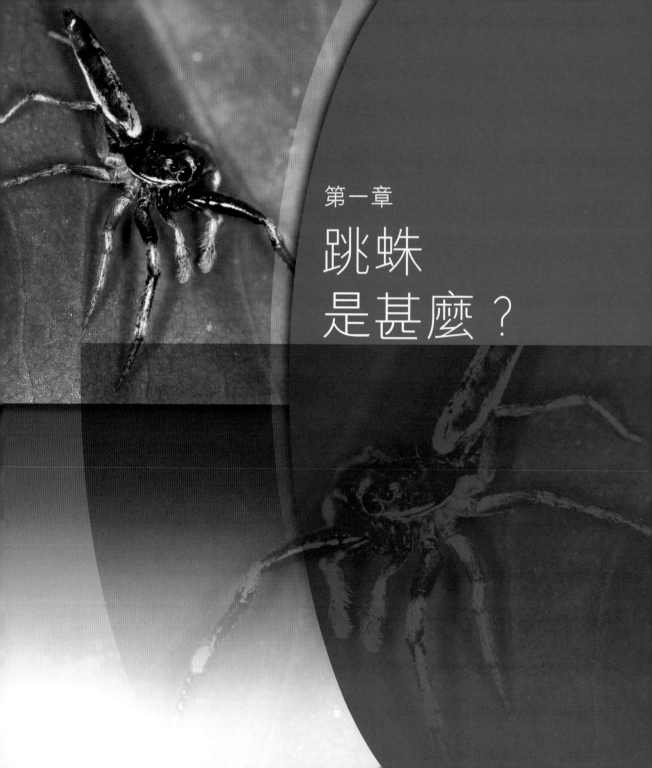

第一章

跳蛛
是甚麼？

甚麼是跳蛛？約一千七百多年前，中國人已經認識跳蛛是蜘蛛其中的一類。晉代崔豹撰寫的《古今注》卷中《魚蟲》已提及蠅虎一詞，記有「蠅虎，蠅狐也。形似蜘蛛，而色灰白。善捕蠅，一名蠅蝗，一名蠅豹。」

　　我所見跳蛛體長由2至20毫米，八足，八眼，毛茸茸，跳蹦蹦的小東西，花草叢間的小靈精。出現在不同種跳蛛身上的顏色，較七色彩虹更多，有紅、橙、黃、綠、藍、紫、褐、金、白和黑等等。牠們體形多變，有的狹長、有的圓扁。種類繁多，很難不被這小東西吸引。

　　認識跳蛛從牠們的根開始，在生物學上，跳蛛屬於動物界（Kingdom Animalia）節肢動物門（Phylum Arthropoda）蛛形綱（Class Arachnida）蜘蛛目（Order Araneida）跳蛛科（Family Salticidae）（備註：台灣用蠅虎科）。跳蛛科是蜘蛛目中最大的一科，已知超過5千種。

跳蛛：節肢動物門，蛛形綱，蜘蛛目，跳蛛科，花蛤沙蛛
（*Hasarius Adansoni*），具有頭胸及腹部，1對螯
肢，4對單眼以及4對步足。

跳蛛科是擁有最多物種的一科蜘蛛，已知約有 600 個屬，合共超過 5 千多種。跳蛛科的每個屬的成員較少，這顯示跳蛛科擁有很高程度的多樣性和分化。從研究跳蛛的種系發展（phylogeny），比較 81 個屬跳蛛的基因序列發現，大部分跳蛛的分化是發生在舊世界大陸（指歐亞大陸及非洲大陸）與新世界大陸（指美洲）分裂之後。

跳蛛是蜘蛛的一類，身體結構跟大部分蜘蛛相同，主要分為頭胸部（cephalothorax / prosoma）和腹部（abdomen / opisthosoma）兩部分。跳蛛屬節肢動物，全身表面有外骨骼（exoskeleton）。究竟跳蛛科與其他蜘蛛科有甚麼不同？就是從牠們的 4 對共 8 隻單眼便可以找到初步的答案。原來跳蛛的單眼可分為 3 列，由前至後，第一列是兩對眼睛平排在正前方，第三列是 1 對中等大小的單眼左右分布在背甲的中間位置，第二列是 1 對很小的單眼左右分布在第一與第三列眼之間的位置，具有以上眼睛組排特徵的便是跳蛛了。

記着！四隻亮晶晶的大眼睛，像汽車大燈置於前方的蜘蛛便是跳蛛，不會弄錯。跳蛛科的眼睛，相對其他科蜘蛛的眼睛較大，這是因為跳蛛主要是日間活動的蜘蛛，在捕獵、逃避敵人和求偶時，是十分依靠視覺。

跳蛛的頭胸部一般呈方形，集移動、感官、中樞神經、攝食以及生殖功能（註：生殖功能適用於雄性），頭胸部背面和底面分別由較堅厚的頭胸甲（或稱背甲，carapace）和胸板（sternum）所保護。從表面觀察可見頭胸部長有 4 對單眼，附肢包括 4 對步足、1 對觸肢（pedipalp）和 1 對螯肢（chelicerae）。從解剖可知跳蛛的頭胸部有毒液腺（poison gland）、食道（esophagus）、腦部（brain）、泵狀胃（pumping stomach）、腸道（intestine）、前動脈（anterior aorta）、神經線以及一些用來控制步足和眼睛的肌肉組織等。跳蛛頭胸部和腹部之間由一個狹窄的梗節（pedicel）連接，梗節內裏藏着動脈、腸道、神經線、少許肌肉組織和次級氣管。

跳蛛的外部身體結構（背面）

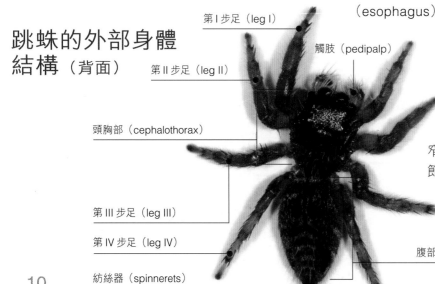

第 I 步足（leg I）

觸肢（pedipalp）

第 II 步足（leg II）

頭胸部（cephalothorax）

第 III 步足（leg III）

第 IV 步足（leg IV）

腹部（abdomen）

紡絲器（spinnerets）

跳蛛的外部身體結構（腹面）

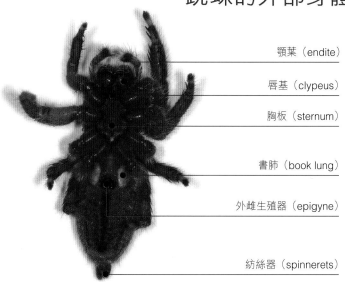

顎葉（endite）

唇基（clypeus）

胸板（sternum）

書肺（book lung）

外雌生殖器（epigyne）

紡絲器（spinnerets）

　　跳蛛的腹部位於身體的後部分，一般呈卵形，也有呈長條狀。腹部給跳蛛消化、生殖、呼吸、循環系統以及製絲和紡絲功能。腹部底面可看到書肺（book lung）、外雌生殖器（epigyne）、3對紡絲器（spinneret）和肛口（anus）。從解剖可知跳蛛的腹部藏着的器官有心臟（heart）、後動脈（posterior aorta）、消化道、排泄腔（cloacal chamber）、血管、卵巢（只適用於雌性，ovary）、納精囊（只適用於雌性，spermatheca）、氣管（trachea）和絲腺（silk gland）等。

　　跳蛛的心臟置於腹部，心臟的功能主要是泵動血淋巴液（haemolymph）循環全身。血淋巴液的功能，包括把氧氣從書肺輸送至身體各部分；把養分運往全身；把代謝廢物從身體各處送走；以及產生液壓，作為伸展步足時所需的動力等。跳蛛血淋巴液中以血青蛋白（haemocyanin）的銅分子（Cu）固定氧分子，故其血淋巴液呈青藍色。

　　一般較靜態的蜘蛛，其氣管系統並不太發達，但跳蛛經常需要走動和跳躍，所以跳蛛的氣管與書肺特別發達。研究發現氣管系統對跳蛛的氣體交換（gas exchange）發揮重要的功用。當跳蛛處於靜止或低氧氣需求的狀態時，氣管系統或書肺氣體其中之一已可滿足氧氣需求，但是當跳蛛處於非常活躍的狀態時，便需要集合氣管系統和書肺的氣體交換功能，才能應付氧氣需求。

　　跳蛛的每條步足可分為 7 節，由近軀體向外數，分別是基節（coxa）、轉節（trochanter）、腿節（femur）、膝節（patella）、脛節（tibia）、後跗節（metatarsus）和跗節（tarsus），步足末端長有兩隻呈髮梳狀的爪子（claw）和爪毛簇（claw tuft）。爪子的功用是令跳蛛能握着蛛絲，使跳蛛能在蛛絲上移動，以及在粗糙的表面上行走；爪毛簇能吸附平滑的表面，讓跳蛛可在不同的環境和位置，甚至在垂直和天花的地方行走。

　　研究弓拱獵蛛（*Evarcha arcuata*）步足的黏力發現 8 隻步足末端的爪毛簇共由六十多萬條小毛（setule）組成，爪毛簇具有黏力是因為分子間的范德華力（Van der Waals force）的結果，8 隻步足總黏力足以令跳蛛負苛 160 倍體重而不掉下來，那麼明白了跳蛛在葉底面或天花行走是絕對安全。

跳蛛的頭胸部結構

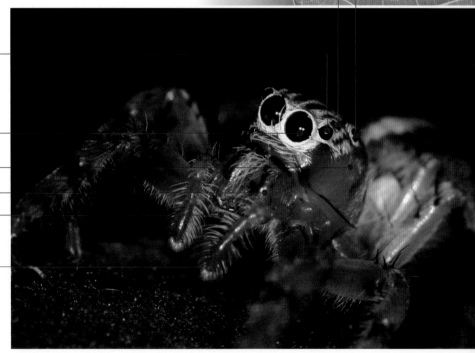

後側眼(posterior lateral eye)

後中眼(posterior median eye)

前側眼(anterior lateral eye)

前中眼(anterior median eye)

頭胸甲(carapace)

螯肢(chelicerae)

螯牙(fang)

觸肢(pedipalp)

腿節(femur)

膝節(patella)

基節(coxa)

轉節(trochanter)

脛節(tibia)

後跗節(metatarsus)

跗節(tarsus)

跳蛛的足部結構

跳蛛的第 I 步足一般比較發達，其功能主要是捕獵、打鬥和跳躍後降落之用，在求偶時雄性跳蛛的第 I 步足亦具吸引雌性的功能。第 II 步足具步行以及輔助捕獵和打鬥功能。第 III 步足的功能以步行為主，兼跳躍時作為軀體的支點。雖然第 IV 步足不是特別發達，其主要功能以跳躍時產生動力和步行為主。跳蛛的 4 對步足所發揮的主要功用各異，由於各步足在功能上互相輔助和補足，因此跳蛛意外失去部分步足仍能生存。

步足的關節由肌腱控制其收縮與伸展，但腿節與膝節之間的關節及脛節與後跗節之間的關節並無肌腱，故步足的完全伸展，尤其是在跳躍時所需力量，主要依靠頭胸部內肌肉收縮時，增加的血淋巴液壓所產生。

觸肢的結構類似步足，惟沒有後跗節，雄性跳蛛觸肢的跗節（末端）在成熟時會變得膨大稱作觸器或觸肢器（palpal），觸器的功用主要作為雄性外生殖器。步足和觸肢，以及頭胸部上滿佈各種如偵察觸覺和化學物等之感受器。

13

第二章

跳蛛的
生長與生活史

跳蛛跟其他蜘蛛一樣由受精卵孵化出來，雌性跳蛛會把卵子集中在一處隱蔽的地方產下，一般會選擇葉片，並用蛛絲編織一個保護囊，雌性跳蛛還會留守保護卵子。幼小的跳蛛的形態和身體結構（除生殖器外）一般跟成熟的跳蛛差不多，看起來就像細小呎碼的成年跳蛛。跳蛛表面被外骨骼包着，雖然起了保護作用，但在成長時便要脫去舊的外皮才能增大體積。

　　脫皮開始時，頭胸甲與胸板首先分開，腹部兩側中間位置裂開，跳蛛會用力抽動身體，然後跳蛛的頭胸、足部和腹部從舊皮褪去，食道和胃部會隨舊皮一同脫去。由孵化至完全成熟，跳蛛一般需要作數次脫皮才能完成。花蛤沙蛛（台灣稱安德遜蠅虎，*Harsarius adansoni*）須經歷 5 至 6 個齡期才成年（註：剛破卵為 1 齡，以後每次脫皮增一齡），且愈往後的齡期發育所需時間愈長，而且溫度愈高齡期發育所需時間愈長。我也曾經觀察一窩蟻蛛（*Myrmarachne* sp.）的卵，一窩只產下 4 個卵，在大約 30℃ 的氣溫下，須 17 天才完成孵化，剛出生的幼蟻蛛體長約 2 毫米。

　　跳蛛的壽命有 1 年或以上不等，要視乎個別品種而定。觀察發現，樹跳蛛（*Yllenus arenarius*）的壽命約有七百多天，而最長的有 770 天，這是有記錄最長壽命的跳蛛。

1. 跳蛛脫皮後遺留下的舊外殼。
2. 完成脫皮後一天的跳蛛。

15

脫皮的主要功用是給身體長大的機會，而另一個功用是令殘缺的附肢再生。如果跳蛛失去了1條或多條附肢（例如步足和觸肢）後，首次脫皮會長出較正常細小的步足，再經第二次脫皮後殘肢才會回復正常大小。

1. 再生的足肢會較正常的小，圖中波氏緬蛛（*Burmattus pococki*）右邊的再生第 I 及 II 步足明顯較左邊正常的步足小。
2. 在郊野經常會看到缺肢的跳蛛，圖中失去 3 條步足的翠蛛（*Siler* sp.）仍能生存。

第三章

跳蛛
的行為

跳蛛的視覺

視覺對跳蛛十分重要，覓食、求偶和遇敵等行為也十分依賴視覺。跳蛛的 4 對眼球已經佔去頭胸部不少體積，跟其他蜘蛛目物種比較，跳蛛的視覺是蜘蛛中的最佳，甚至是節肢動物中的前列。跳蛛有較其他蜘蛛大的腦子，跳蛛（以孔蛛作代表種）前中眼的視覺空間精確度（spatial acuity）是 0.04°，而其他眼包括前側眼、後中眼和後側眼的空間精確度則只約有 1°。用一個實際例子說明 0.04°空間精確度的視覺，就是在 200 毫米的距離可分辨兩物件之間不多於 0.12 毫米的空間。跳蛛的視覺較所有昆蟲為佳，因為昆蟲中視覺最佳的蜻蜓也只得 0.4°空間精確度。跳蛛的視覺甚至較很多脊椎動物例如鼠（約 0.3°）、蛙（約 0.1°）、貓（約 0.09°）和鴿（約 0.05°）更佳，而人類的視覺空間精確度有 0.007°，約比跳蛛優勝 5 倍。

跳蛛的 4 對單眼分布成 3 列，由前至後第一列是前中眼和前側眼，跳蛛的前中眼是 4 對單眼中最大的，位於頭胸部前方中間位置，一對前側眼位於前中眼左右兩旁。第二列是 1 對後中眼，而第三列是 1 對後側眼。從解剖結果發現，4 對單眼中以前中眼的焦距最長，但視線角度最狹窄，所以前中眼具望遠功能，同時前中眼亦具分辨顏色和精確的辨認功能；其餘三對眼視線角度廣闊，用來偵察周圍的移動物。另一個特別的發現是前中眼的視網膜有細小肌肉相連，能就物件的距離作出前後對焦。大部分跳蛛的後中眼細小得很，一般認為其視覺功能並不重要，但有個別屬的跳蛛，包括：孔蛛屬（*Portia* sp.）、灰蛛屬（*Cocalus* sp.）和弗蛛屬（*Phaeacius* sp.）等有較大而向前望的後中眼。

依我觀察，體積較大的跳蛛對 400 至 500 毫米以內的移動物已有反應，相反較小型的跳蛛只對較近的移動物有反應。跳蛛的前中眼有 1 千個光感受器（photoreceptor），一般可清楚辨認 100 毫米以內物件。研究人員比較了 37 種雄性跳蛛分辨獵物與同性敵人的所需距離，結果發現跳蛛 *Morgrus neglectus* 是接受測試的物種中，擁有最遠的分

1.低頭察看的蟻蛛（*Myrmarachne* sp.）
2.抬頭察看的方胸蛛（*Thiania* sp.）

辨距離，達320毫米，約相等於42倍體長；而纓孔蛛（*Portia fimbriata*）的分辨距離為280毫米，約相等於47倍體長。

研究發現跳蛛（*Maevia inclemens*）的感光範圍廣闊，由紫外線至紅色光譜。花蛤沙蛛（*Hasarius adansoni*）可以分辨藍、綠、黃、紅和黑色，並且能學習對顏色作出反應。在缺乏紫外線光譜的情況下，跳蛛（*Cosmophasis umbratica*）求偶以及同性競爭的行為明顯減少，因此證明紫外光對同種跳蛛與同種之間的溝通，十分重要。

當有新移動物被跳蛛發現時，跳蛛的第一反應會非常迅速地原地轉身。第二個反應是正面望着移動物，此時跳蛛會用前中眼分辨移動物是屬獵物、同種敵人、天敵或交配對象；然後作出第三個反應，如果該物不是獵物、敵人或交配對象，跳蛛一般不作理會，繼續牠原來行走的路線。

在跳蛛眼中的世界是一個三維空間，如果移動物不在其身處的同一平面上，跳蛛會調節自己頭胸部的角度，故跳蛛會做出抬頭、低頭或側頭等趣怪動作，務求正面看着牠想望的東西。跳蛛也是各種蜘蛛中，少有能夠扭動頭胸部來察看的一科，牠們頭胸部可作45度的抬起或低垂。

❷

跳躍行為

跳蛛其中一個最重要的行為特徵是牠們善跳，能夠跳躍給跳蛛捕獵和逃避敵人的優勢，從而提高了生存機會。據悉，人類立定跳遠的世界紀錄是3.71公尺，人類能夠跳出自己體長兩倍已是不得了的事情。那麼我們別看扁跳蛛這小東西，我曾經看見跳蛛輕輕一躍便達30厘米，相等於牠們20至30倍的體長。

跳蛛作出一個遠距離的跳躍前會先做充足的準備，首先用前中眼小心選擇着陸點和計算跳躍所需的距離，目光不會離開着陸點，按下腹部固定曳絲，擺出跳躍的步姿，第 I、II 及 III 步足向前，而第 IV 步足屈曲向後，有些時候第 I 步足還會微微向上舉起。四對步足之中只有第 IV 步足產生力量給跳躍，第 III 步足在剛起跳的一剎那間，用作身體的支點軸心。當跳躍於空中時，第 I 及第 II 步足向前，而第 III 及第 IV 步足向後。當着陸時，第 I 及第 II 步足會發揮緩衝作用。

胞蛛（*Cytaea* sp.）
跳躍的姿態。

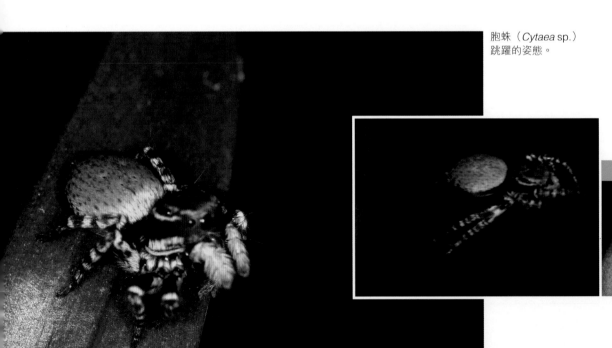

覓食行為

　　跳蛛一般是很主動和活躍的捕獵者，牠們會經常走動，往不同的野外地點，例如地上的枯葉、草叢和灌木叢、樹幹和石縫隙裏搜尋獵物。但也有少數跳蛛採取較被動的守株待兔策略覓食，例如香港可見的單色灰蛛（*Cocalus concolor*）、白斑艾普蛛（*Epeus alboguttatus*）以及馬來弗蛛（*Phaeacius malayensis*）等。另外，人類的屋子、欄柵或燈桿子也是跳蛛的覓食場。

　　極佳的視覺、精確的跳躍，以及迅速的動作是跳蛛成功捕獵的要素，牠們愛吃活生生的小生物，獵物的體型由較自己細小至較大十數倍也有；獵物種類多樣化，一般是昆蟲或蜘蛛甚至跳蛛。跳蛛捕獵的昆蟲種類也十分多樣化，包括鱗翅目（例如蝶、蛾）、直翅目（例如草蜢）、膜翅目（例如蟻、蜂）、螳螂目（例如螳螂）、同翅目（例如臘蟬）和半翅目（例如蝽象）等。

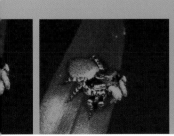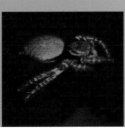

　　當跳蛛發現了獵物後會立時變得小心，牠會鎖定目標，用前中眼緊盯着獵物，然後偷偷走近，及至距離獵物三數厘米左右，便進入了攻擊範圍，牠的4對步足會收近身體作出準備跳躍的姿勢。此時跳蛛會隨時突然撲出，用第I及II步足捉緊獵物，以螯肢噬向獵物，毒液由毒腺製造，經螯牙內的小管道注入獵物體內，不消一分鐘獵物已經失去活動能力甚至死亡。至目前為止，未有發現跳蛛的毒液對人類有害。跳蛛的毒液是一種神經毒素，可把獵物迅速痲痺或致死，然後含消化酶的液體，由跳蛛的消化腺分泌並由口部注入獵物體內。待體外消化獵物完成，再靠具泵作用的胃部把已液化和分解的食物吸入，獵物被吸乾後只剩下一個空殼。

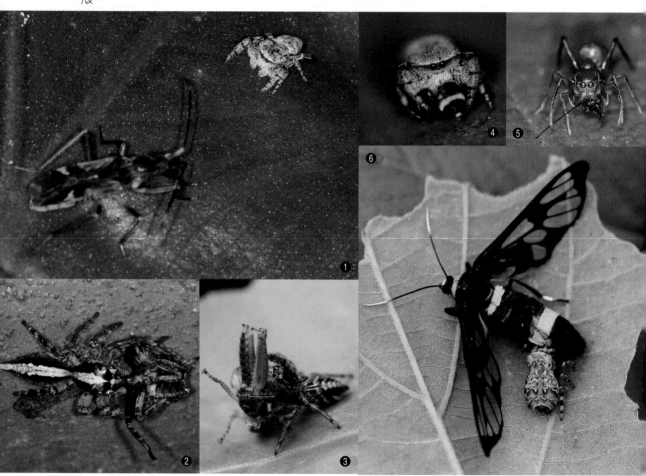

1. 雌性黃寬胸蠅虎（*Rhene flavigera*）正虎視眈眈一隻蝽象（半翅目）。

2. 雌性粗腳盤蛛（*Pancorius crassipes*）捕獲一隻龍眼雞稚蟲（同翅目）。

3. 雌性獵蛛（*Evarcha* sp.）捕獲一隻草蜢（直翅目）。

4. 雌性黃寬胸蠅虎（*Rhene flavigera*）捕獲一隻跳蛛（蜘蛛目）。

有一些跳蛛會專門捕食蟻子，包括香港可見到的有金毛蛛屬（*Chrysilla* sp.）、斑蛛屬（*Euphrys* sp.）、蛤布蛛屬（*Habrocestum* sp.）、蟻蛛屬（*Myrmarachne* sp.）、翠蛛屬（*Siler* sp.）和方胸蛛屬（*Thiania* sp.）等。據我觀察，蟻蛛一般會採用跟蹤的方法捕捉蟻子，如果蟻蛛看上了一隻迎面而來的小蟻子時，牠會首先退在一旁讓蟻子繼續沿原本的路線走，同時蟻蛛會正向地盯着蟻子，當蟻子越過蟻蛛後，蟻蛛便開始追蹤蟻子。蟻子也不是呆的，很快便感覺到危險在後面，於是加快速度跑，並以「S」形路線行走，可是蟻蛛如影隨形、亦步亦趨，經過一段距離的追逐，蟻蛛看準了時機便突然加速衝前把小蟻子活捉下來。

也有一些跳蛛會專門選擇捕食其他蜘蛛和跳蛛，例如香港可見的灰蛛屬（*Cocalus* sp.）、西爾蛛屬（*Cyrba* sp.）、弗蛛屬（*Phaeacius* sp.）和孔蛛屬（*Portia* sp.）等。研究發現馬來弗蛛（*Phaeacius malayensis*）會選擇捕食蜘蛛和跳蛛多於昆蟲，更有趣的是馬來弗蛛會選擇捕食跳蛛多於其他蜘蛛，但牠在準備捕捉跳蛛作食時會格外小心行事，可見馬來弗蛛能分辨跳蛛與其他蜘蛛。

❼
❽

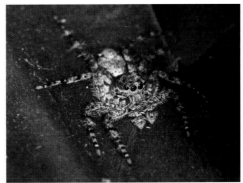

馬來弗蛛（*Phaeacius malayensis*）
採取較被動的守株待兔策略覓食，
喜選擇捕食跳蛛。

5. 雌性蟻蛛（*Myrmarachne* sp.）正吸食一隻小蜂（膜翅目）。

6. 雌性銹寬胸蠅虎（*Rhene rubrigera*）捕獲一隻較本身大數倍的鹿蛾（鱗翅目）。

7. 雌性方胸蛛（*Thiania* sp.）正捕獲一隻蟻子（膜翅目）。

8. 雄性多彩紐蛛（*Telamonia festiva*）捕獲一隻螳螂稚蟲（螳螂目）。

　　在芸芸5千多種跳蛛中，孔蛛（*Portia* sp.）的覓食行為最令研究人員感興趣，原因是一般跳蛛已經是公認很聰明和精確的捕獵者了，而孔蛛的獵物主要是跳蛛和其他蜘蛛等優秀的捕獵者，所以孔蛛較一般的跳蛛更具捕獵策略和智慧，孔蛛的外表就像一堆枯植物碎屑，用以避免給捕獵者發現和方便接近獵物。除捕食昆蟲和蜘蛛外，有觀察指纓孔蛛（*Portia fimbriata*）也會吃其他蜘蛛的卵。另外，唇鬚孔蛛（*Portia labiata*）懂得選擇正在抱卵的淡色花皮蛛（*Scytodes pallida*）作食。

　　纓孔蛛（*Portia fimbriata*）有數種獵食技巧和策略，以應付不同的獵物，一種稱為「主動的模仿震動」（aggressive vibratory mimicry）的技巧是用來捕食結網的蜘蛛。纓孔蛛會利用牠的觸肢和步足輕輕觸動蛛網，產生模仿獵物墮入蛛網後掙扎的震動訊號，於是蜘蛛被誤導而出來查察，當蜘蛛走近的時候便給纓孔蛛來個突如其來的伏擊。

纓孔蛛（*Portia fimbriata*）具高明的捕獵
策略和智慧，喜捕食跳蛛和其他蜘蛛。

另一種獵食技巧稱為「探巢」（nest probing），纓孔蛛會在跳蛛的絲巢上產生滋擾性震動，當疏忽的跳蛛探頭出巢外查察時便給纓孔蛛伏擊。

纓孔蛛還會用「秘密跟蹤」（cryptic stalking）的方式捕捉跳蛛，當選中了目標跳蛛後，纓孔蛛會很慢很慢的走近跳蛛，走動的時候身體會作出輕微的前後或左右搖動，像被風吹動的植物屑般，如果被目標跳蛛正面望著時，纓孔蛛會收起觸肢並立即停止移動，待走近時猛然從後襲擊跳蛛。

纓孔蛛還會利用織網來捕獵，這是跳蛛中非常罕有使用的捕獵技巧，纓孔蛛會在另一隻蜘蛛所建的蛛網旁築起自己的網，並緊緊地把兩張網連結起，目的是讓自己可以輕易地入侵別網。纓孔蛛所結的網雖然沒有黏性，但偶爾也能捕捉昆蟲，可是纓孔蛛不把昆蟲吃掉，而是利用這昆蟲作餌來引誘鄰網的蜘蛛自動走近，然後伺機捕食蜘蛛。

纓孔蛛更會發展出一套針對捕捉特定獵物的技巧（species specific predation tactics），在澳洲的雨林區，一種 Euryattus 屬跳蛛跟纓孔蛛共同在該地區生活。雌性 Euryattus 屬跳蛛會在樹枝上利用絲造的「導雄絲」（guylines）懸吊一片卷葉，雌性跳蛛便藏身在卷葉上，雄性 Euryattus 屬跳蛛會沿著導雄絲向下走，雄性跳蛛前後搖擺葉子以向雌性跳蛛發出求偶的訊號；在澳洲這裏生活的纓孔蛛族群懂得沿著導雄絲走下，並模仿雄性 Euryattus 屬跳蛛的求偶訊號，以求把雌性跳蛛引出來捕之。由於纓孔蛛分布廣泛，在澳洲以外地區生活的纓孔蛛，從來沒有機會接觸 Euryattus 跳蛛，實驗結果發現此等纓孔蛛是不曉得模仿雄性 Euryattus 屬跳蛛的求偶訊號。

一般認為跳蛛依賴良好視力來捕獵，但研究發現跳蛛也用上嗅覺來選擇捕獵對象。哺乳動物的血液營養豐富，原來跳蛛也知道吸食血液的好處，但牠們不會直接吸食哺乳動物的血液，而是透過蚊子作中介媒體。東非的獵蛛（Evarcha culicivora）可獨立地利用視覺和嗅覺來決定捕獵的對象，獵蛛是根據本身的體型來選擇獵物的大小，成年跳蛛選擇捕吃體型較大的雌蚊，幼小的跳蛛選擇捕吃體型較小的雌蚊。最有趣的是獵蛛選擇嗜血的行為較選擇獵物的大小因素為強，因為實驗結果發現幼小的跳蛛選擇捕吃體型較大的已吸血雌蚊，成年跳蛛也會選擇捕吃體型較小的已吸血雌蚊。

　　除活生的小型陸生生物外，一些跳蛛會吸食花蜜（nectar）。花蜜含大量糖分，還含有豐富胺基酸和維生素等營養素，可以作為跳蛛的補充食物。最少有90種跳蛛在實驗室中會主動選擇吸食花蜜，包括香港可見的角貓跳蛛（*Carrhotus sannio*）、艷蛛屬（*Epocilla* sp.）、花蛤沙蛛（*Hasarius adansoni*）、雙帶扁蠅虎（*Menemerus bivittatus*）、蟻蛛屬（*Myrmarachne* sp.）、唇鬚孔蛛（*Portia labiata*）和巴莫方胸蛛（*Thiania blamoensis*）。在該90種會吸食花蜜當的跳蛛中，31種跳蛛有野外吸食花蜜的真實觀察記錄，包括香港可見的麗頭包氏蛛（*Bavia aericeps*）、優美金毛蛛（*Chrysilla lauta*）、胞蛛屬（*Cytaea* sp.）、鰓蛤莫蛛（*Harmochirus brachiatus*）、纓孔蛛（*Portia fimbriata*）以及玉翠蛛（*Siler semiglaucus*）。跳蛛吃花蜜會直接用口吸食，或利用觸肢和第I步足取蜜入口中。跳蛛不需要通過戰鬥和捕捉等有機會招致受傷的行為，便可獲得花蜜中的養分，所以花蜜是一種低成本和風險的食物，看來跳蛛普遍有吸食花蜜的行為。

　　跳蛛除了利用視覺和嗅覺在日間覓食外，跳蛛 *Trite planiceps* 可以在黑暗無光的環境下捕捉家蠅；另外，最少有42種跳蛛可以在實驗室無光的環境下捕捉家蠅或果蠅。這顯示跳蛛還會利用其他未知的感覺或感覺震動的變化，在無光的環境下作出有協調反應，有利牠們在晚間對抗入侵者或天敵。

胞蛛（*Cytaea* sp.）經常在花朵間活動，花會為跳蛛引來獵物，同時也會為跳蛛提供花蜜作補充養料。

遇敵行為

跳蛛雖然是小個子，體長由2至20毫米，但牠們的膽子真不小！跳蛛會捕獵體型較牠們大數倍的生物。當牠們遇上敵人時，好奇的跳蛛會用前中眼看清楚敵人的模樣，然後左右張開第I步足或第I及II步足，令自己在視覺上大一些，並且張開觸肢用意是展示具殺傷力的螯肢，身體左右「Z」形來回地橫行，擺出一副極具威嚇的模樣，好戰的跳蛛還會撲向敵人，嘗試作出攻擊。如果敵人不被嚇退，跳蛛便會回頭快速逃走或作出無特定着陸點的跳躍來逃命。

毛垛雙袋蛛（*Ptocastus strupifer*）遇同種敵人時擺出威嚇的姿態。

在野外環境，跳蛛很少時候會真的跟同類肉搏打鬥，因為在打鬥過程中失去步足會影響未來的生存機會。雖然體型較小的跳蛛遇到較大的跳蛛時也會先擺出一副威嚇的樣子，但在大部分的情況下，較小的跳蛛會知道自己是較小的一方，虛張聲勢只為尋找機會落慌而逃。相反，較大的跳蛛會知道自己是較大的一方，對於較小的跳蛛作出的虛張威嚇一般不會太着意，如果對方體型較自己細小許多，大跳蛛會跟蹤小跳蛛並找機會捕吃之。

如果對敵雙方是同種，而且體型相約的雄性跳蛛，一場生死肉搏打鬥便會展開，雙方會極度張開第I步足、第II步足及螯肢，提起頭胸部，身體左右「Z」形來回地橫行，然後互相向前靠近對方。當真正接觸時，雙方的第I及II步足會互扣起來，雙方的螯肢會互噬對方，雙鬥的代價會是失去步足、觸肢或性命。

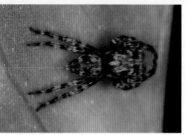

1. 蟻蛛（*Myrmarachne* sp.）在準備利用別的跳蛛遺下的曳絲作絲橋。
2. 蟻蛛（*Myrmarachne* sp.）正準備利用垂絲下降。

卷帶躍蛛（*Sitticus fasciger*）在跳躍時拖着具安全保險功用的曳絲。

絲的運用

　　跳蛛有三對紡絲器（spinnerets）位於腹部的末端，包括 1 對前紡器、1 對後紡器和 1 對中紡器。蛛絲是一種蛋白質複合物（polymer）結構，蛛絲的單體（monomer）由位於腹部的絲腺所製造，當蛛絲單體在紡絲器放出時，才聚合成絲狀結構。雖然跳蛛不是依靠編織具黏性的絲網來捕捉獵物，但蛛絲對跳蛛的成功生存也十分重要。

　　跳蛛在每次跳躍前會按下腹部，目的是首先把蛛絲固定在起跳點，當跳蛛躍於空中時會同時釋放蛛絲。如果安全着陸，跳蛛會再次按下腹部，此時目的是把蛛絲終止在着陸點，然後繼續前行。如果着陸失敗，撲了空子，捉不到着陸點，跳蛛會因為有蛛絲的關係懸吊半空，然後作一個翻身子動作，並用步足抓着絲線爬回起跳點，這種具安全保險功用的蛛絲稱作「曳絲」（draglines）。「笨豬跳」的發明者應該是跳蛛！依我觀察，跳蛛是很固執，不會因為一、兩次跳躍失敗而放棄，牠會返回起跳點並再次嘗試跳躍。曳絲不一定在跳躍時才使用的，有些跳蛛在平常走動時也會經常性地釋放出曳絲，目的是隨時作無特定降落點式的跳躍以逃避敵人。

　　跳蛛成功跳躍後便會在起跳點與着陸點之間遺留下一條曳絲，稱作「絲橋」（silk bridge），但不代表這條曳絲已失去了功用，當跳蛛走回頭路時，牠有可能再次橫渡絲橋。跳蛛也會利用其他跳蛛遺留下的曳絲從一點到另一點，方法就是用步足抓着曳絲，背向地下快速在絲上游動，好像人們在懸崖遊繩一樣。

角突翹蛛（*Irura trigonapophysis*）在走動時也會經常性地放出曳絲。

　　跳蛛由高處往低處，除了用跳躍的方法外，還會用「垂絲」方法。這個方法是跳蛛站在高處向下仔細觀察着陸點，然後按下腹部固定蛛絲，接着釋放蛛絲以垂直方式隨隨滑下。跳蛛下降的速度由釋放垂絲的速度決定，有些時候可能因跳蛛會中途暫停釋放垂絲而令本身暫停下降，然後又可以繼續釋放垂絲令本身再次下降，或是作一個翻身子動作抓着絲線爬回起跳點，倒是有趣。依我觀察，不善跳躍的跳蛛尤其是蟻蛛屬（*Myrmarachne* sp.）較常使用垂絲。

　　幼小或小型種的跳蛛也會利用蛛絲漂流他方，方法是跳蛛舉起腹部，然後向空中釋放蛛絲，稱之為「遊絲」（ballooning）。遊絲隨風漂蕩，遊絲愈長愈能漂浮空中，於是小跳蛛利用遊絲漂浮於風中，情形好像放風箏一樣，直至小跳蛛降落為止。

　　蛛絲除了幫助跳蛛移動外，還具備保護作用。在晚間或下雨天，跳蛛會利用蛛絲在葉底或狹縫隙築起一個小帳蓬作絲巢（resting sac）休息，躲在其中得到保護。另外，雌性跳蛛在產卵時，也會利用蛛絲築起較巢更堅固的卵囊（egg sac）保護卵子。

　　蛛絲是跳蛛能成功繁殖的必要條件，成熟的雄性跳蛛在尋找交配對象前，會用蛛絲織成一個細小的精網（sperm web）。雄性跳蛛首先用精網盛載排出的精子，然後以觸肢器吸收精子及儲存。雄性跳蛛也可能靠追蹤雌性跳蛛遺留下的曳絲，用來尋找適合交配的雌性跳蛛。

　　綜合以上，蛛絲對跳蛛有移動、保護和繁殖的功用。

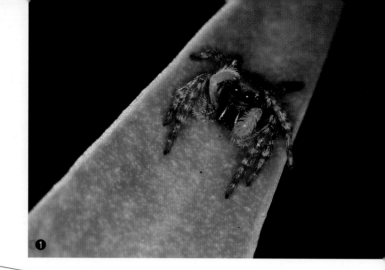

❶

清潔行為

　　擁有精確視覺、善於跳躍和能在各種表面行走，是跳蛛賴以生存的條件，因此愛潔淨的跳蛛經常清潔眼睛、爪子、爪毛簇，保持這些器官處於良好狀態。

　　在清潔眼睛方面，跳蛛會利用1對觸肢來清潔前眼；而清潔爪子和爪毛簇方面，跳蛛會在空閒時，逐一把各步足的末端放入口。

求偶和交配行為

　　跳蛛的生殖系統與雄性的觸器要在最後一次脫皮後，才會完全成熟。

　　跳蛛有很特別的交配行為，從外觀上最容易分辨雄性與雌性的方法是，觀察牠們的觸肢。一般而言，雌性跳蛛的觸肢沒有特別發達，由觸肢的基節至末端的跗節粗度較均稱。相反，成熟或亞成期雄性跳蛛的觸肢末端較發達和膨大，有些品種更在觸肢上長有特別顏色的毛束。雄性跳蛛與雌性跳蛛皆以觸肢拿着體型較小的獵物和用來清潔身體，但雄性跳蛛的觸肢在交配行為上有不可或缺的功用。雄性跳蛛的觸肢除了發揮吸引雌性的視覺效果外，還具有生理上的功能，就是以觸肢把精子傳送至雌蛛體內。

1. 胞蛛（*Cytaea* sp.）正利用觸肢來清潔前眼。
2. 雄性多彩紐蛛（*Telaminia festiva*）正清潔第 IV 步足的爪子和爪毛簇。
3. 雄性白斑艾普蛛（*Epeus alboguttatus*）正清潔第 I 步足的爪子和爪毛簇。

　　跳蛛的交配行為比較複雜，雄性跳蛛會先編織一個細小的網來盛載從腹部底面排出的精子，然後通過位於觸肢前端的觸肢器，把精子吸收及儲存在精管內。由於跳蛛的感官是以視覺最強，故其求偶行為也是以雄性的視覺表演為主。當雄性跳蛛遇上雌性跳蛛時，雄性跳蛛會表演一台獨特的舞步，每種雄性跳蛛有各自不同的舞步。如果雌性跳蛛接納該雄性跳蛛的話，雄性跳蛛便會走近並把觸肢前端插入雌蛛的生殖器，此時雄性跳蛛觸肢會利用血壓增加而漲大，並把精子射進雌性跳蛛內。雄性跳蛛的觸器和雌性跳蛛的外生殖器就如一對鑰匙和金鎖，只有同種的雄蛛觸器可以成功進入雌蛛體內，所以學術上會以雄蛛觸器和雌蛛外生殖器的形態和結構來辨別跳蛛。

　　雄性跳蛛的求偶行為除了向雌性跳蛛發出視覺訊號（visual signal）外，首次測驗出雄性跳蛛的震動訊號（seismic signal）。跳蛛 *Habronattus dossenus* 最少有 3 種震動訊號，包括重打（thumps）、擦動（scrapes）和嗡嗡（buzzes），而發出這些震動訊號與腹部移動有關，但其產生可獨立於視覺訊號。

　　研究人員發現，雌性亞成跳蛛 *Phidippus johnsoni* 在進行最後一次脫皮前會留在絲巢中，並產生絲外激素（silk-associated pheromone），雄性跳蛛會被這些附有外激素的絲所吸引，並且在雌性跳蛛的巢旁邊建造一個給自己的絲巢，實行跟雌性跳蛛為鄰生活。雄性跳蛛此舉之目的是，待雌性亞成跳蛛完成最後一次脫皮後，即在雌性跳蛛成熟後便第一時間進行交配。

　　許多雌性蜘蛛在交配前或後有吃掉雄蜘蛛的習性，但雄性跳蛛較其他蜘蛛幸運，因為大部分雌性跳蛛在交配後沒有立即吃掉雄性跳蛛的習慣。雖然如此，雄性跳蛛在交配後不久也會自然壽終。

　　交配後的雌性跳蛛不會即時產卵，精子會首先被儲藏在雌性跳蛛的納精囊，待雌蛛已選擇安全的地方作巢後，卵子在臨離開母體時在才會受精。受精卵會被絲造的卵囊保護，而雌性跳蛛亦會留守保護卵囊一段時間，破卵的小跳蛛會鑽破卵囊面對世界。

1. 蟻蛛（*Myrmarachne* sp.）vs.
2. 黃猄蟻（*Oecophylla smaragdina*）

模仿行為和適應

有些跳蛛外表十分像螞蟻，例如蟻蛛屬（*Myrmarachne* sp.）、 *Agorius* sp.和 *Synemosyna* sp.等，牠們不但身體顏色和形態看起來像螞蟻，行為上也模仿得很相似，例如第I步足經常抬起並擺動，真的很像螞蟻的觸角。模擬螞蟻總會帶給跳蛛一些好處，是甚麼呢？有些觀察認為擬蟻的跳蛛會欺騙蟻群，讓跳蛛潛入蟻群之中捕獵蟻子。另外，有些觀察認為擬蟻具保護作用，因為螞蟻團結，而且某些蟻子的腹末具有刺針，以及牠們受襲時會分泌酸性液體，因此螞蟻的天敵較少，所以跳蛛模仿蟻子這類不受捕獵者歡迎的昆蟲，將會減少被捕食的機會。

研究發現蟻蛛 *Myrmarachne assimilis* 在兇猛的黃猄蟻（*Oecophylla smaragdina*）群中較其他跳蛛有明顯較高的存活率。螞蟻是依靠化學物來辨別同一蟻巢的同伴，所以只模仿蟻子的外表，不足以令跳蛛安全生活在蟻群附近，因此蟻蛛可能是模仿黃猄蟻外表皮的的化學物。有一種專門捕食黃猄蟻幼蟲的跳蛛 *Cosmophasis bitaeniata*其外表皮有模仿黃猄蟻外表皮的甲基烷烴（methylalkane）單體和雙體結構成分，跳蛛可能因此得以瞞騙黃猄蟻的工蟻襲擊。

3. 大蟻蛛（*Myrmarachne magna*）vs.
4. 多棘蟻（*Polyrhachis* sp.）

雄性蟻蛛有一對巨大的螯肢，
所模仿的對象是搬運物件中的蟻子，
是一種複合擬態適應。

以上跳蛛擬蟻的適應稱為貝特斯氏擬態（Batesian mimicry）。仔細看一般雄性蟻蛛跟雌性蟻蛛在外形上是有差別，最明顯的是雄性蟻蛛有一對巨大的螯肢，這螯肢使雄性蟻蛛看起來不及雌性蟻蛛或幼蟻蛛像螞蟻，那麼巨大的螯肢豈不是對雄性蟻蛛不利？研究人員認為雄性蟻蛛發展出巨大的螯肢是一種複合擬態（compound mimicry）適應，雄性蟻蛛所模仿的對象其實是「搬運」物件的蟻子，可是換來的代價是，吸引一些專門覓食「搬運」蟻子的捕獵者。

有論點認為擬蟻可以令跳蛛走入蟻群中而免避攻擊，並且有助捕吃蟻子，亦有觀察報告指擬蟻跳蛛的第I步足能模仿螞蟻的觸角外，還能跟蟻子的真正觸角作出溝通的動作。這些論點仍需要有更多的觀察和實驗來支持。

另一種減少被捕食的方法是模仿天敵的外表，膜翅目泥蜂科（Family Sphecidae）、蛛蜂科（Family Pompilidae），以及鈴腹胡蜂科（Family Ropalidiidae）的成員是跳蛛的主要天敵。牠們把卵子產在被其麻痺的蜘蛛包括跳蛛身上，蜂幼蟲便以蜘蛛作為寄主為食。跳蛛也有擬天敵形態的例子，黃毛寬胸蠅虎（*Rhene flavicomans*）經常在空曠的草叢間活動，研究人員認為黃毛寬胸蠅虎是模仿鈴腹胡蜂屬（Genus *Ropalidia*）。黃毛寬胸蠅虎腹部黃色和暗褐色的斑紋圖案跟鈴腹胡蜂的腹部圖案相似；寬胸蠅虎頭胸甲的暗褐色直斑，是模仿胡蜂的頭部和胸部，背面的1對暗褐色斜紋像要模仿鈴腹胡蜂的觸角；寬胸蠅虎的第II、III及IV步足像要模仿鈴腹胡蜂的3對步足，為了使蠅虎的步足在視覺上看起來幼細點，寬胸蠅虎步足的內側和外側有黃色直紋；為了避免被第I步足破壞模仿的樣子，寬胸蠅虎便在走動時經常緊緊合拾第I步足。

1. 在香港可見到的鈴腹胡蜂
   （*Ropalidia* sp.）
2. 在香港可見到的黃毛寬胸蠅虎

擬跳蛛行為和適應

除了跳蛛有擬蟻或其他的形態和行為外，昆蟲也有擬跳蛛的形態和行為。原因是跳蛛是主動而具毒液的捕獵者，其他昆蟲或跳蛛會盡量避免接近跳蛛，因此模仿跳蛛有助嚇退天敵。

屬於昆蟲綱雙翅目成員的昆蟲一般統稱作蒼蠅，是跳蛛經常捕獵的對象，故跳蛛也稱作蠅虎。有研究人員提出某些實蠅科（Family Tephritidae）和斑蠅科（Family Otitidae）成員的翅膀上有數條黑色直紋，配合翅膀展開及上下移動的動作，看起來就像跳蛛在舞動着步足，但此推論還需要作進一步實驗研究，其具條紋翅膀對生存的價值。

在香港，我也有發現一些翅膀具黑色直紋的雙翅目實蠅有模仿跳蛛的行為，這類實蠅經常在葉片上走動，兩翅向前張開且上下微微擺動，每逢有其他昆蟲走近，例如蟻子，實蠅會迅速轉身正面向着那走近的昆蟲，一邊擺動翅膀一邊衝向昆蟲，看來實蠅擬跳蟻的行為有防衛和保護地域的作用。

另外，依我觀察，一些半翅目昆蟲的稚蟲也有擬跳蛛行為，當遇到敵人時，牠們會正面向着對方並揮動末端膨大的觸角外，還會嘗試以其觸角驅趕對方，這個行為看似模仿跳蛛舉高第 I 步足的威嚇姿態。

1. 實蠅科（Family Tephritidae）的翅膀上有數條黑色直紋，以模仿跳蛛的步足。
2. 半翅目（Order Hemiptera）昆蟲的稚蟲觸角模仿跳蛛那發達的第 I 步足。

第四章

跳蛛與人

在家中看見跳蛛不要再害怕，這小東西不但不會傷害人類，還會捕吃家中的小昆蟲和蜘蛛，也許有些人認為小小的跳蛛跟我們人類沒有甚麼關係，跳蛛物種的多樣性沒甚麼重要，應該不會影響人類的生活素質吧！事實上跳蛛真的不重要嗎？

文化與藝術

跳蛛雖然不是中國文化藝術的主流題材，但也有三兩個例子可供分享。以跳蛛作為詩的題材極少，只能找到由北宋陳師道所作的《蠅虎》詩，「物微趣下世不數，隨力捕生得稱虎。匿形注目搖兩股，卒然一出勢莫御。十中失一八九取，吻間流血腹如鼓。卻行奮臂吾甚武，明日淮南作端午。」

以跳蛛為題材的文學作品還有戴元表的《蠅虎賦》，從文章初段可知，早於宋元時期中國人已把玩跳蛛於手掌之中。「有蟲翼然，既獰孔武，若腹而絲，若臂而拒，跳踉振擲，是謂蠅虎。搏蠅甚智，狙伏壁間，群蠅避之如虎於山。我玩掌中以弄以嬉，惴不敢動蠕蠕媞媞……」

除了詩賦外，從清代王士禎的《池北偶談》得知在唐代已有日本人東來獻《舞蠅虎》給當時的皇帝，文載：「……本倭國人，於御前出一桐木合，方數寸，中以丹砂養蠅虎子，其形盡赤，分為五隊，令舞《梁州》。上召國樂以舉其曲，蠅虎盤回宛轉，無不中節。每遇致詞處，則隱隱如蠅聲……」

上述是風雅的文字藝術，表達人對跳蛛的所見所感；而以下是人與跳蛛關係的負面教材，我無從稽考鬥跳蛛文化的來源，但這是世界各地華人小孩也包括成人的玩意。今天香港三十歲以下的人應該沒有這個經歷了。 我在念初小學的時候，即上世紀70年代，班中有兩三個行為較頑劣的同學，買跳蛛來互相比鬥，而老師當然不容許鬥跳蛛這種行為在學校內發生。試想用動物生命來換取人類片刻的歡愉，大家會認同嗎？

農業經濟價值

跳蛛具農業經濟價值，一種只生長在鳳梨科植物（*Bromelia balansae*）的跳蛛 *Psecas chapoda* 能增加其寄主植物葉片的生長達百分之15，實驗結果首次發現蜘蛛與植物在營養上的互利共生關係。

跳蛛有助控制經濟作物的病蟲害，研究顯示受盲蝽象（Fourlined plan bug *Poecilocapsus lineatus*）影響的甜羅勒（Sweet basil *Ocimum basilicum*）在沒有跳蛛環境下，明顯地較有跳蛛的甜羅勒矮小，因此跳蛛能有效減少農作物及果園受病蟲片侵害的可能性。

許多植物保育學家和昆蟲學家認同農田蜘蛛是農作物害蟲的重要天敵，中國研究人員發現稻田蜘蛛物種多樣性豐富，共發現373種蜘蛛，而跳蛛是稻田蜘蛛中的第二優勢類群，他們各自捕食所佔生態位置內的害蟲。大量施用化學農藥，在防治害蟲的同時，也殺害了蜘蛛，嚴重破壞了生態平衡外；相反，盡量少用化學農藥，減少人為干擾，才能使不同種的蜘蛛繼續在原地繁衍，達到保育的目的。

醫藥價值

跳蛛是中藥材之一，「中醫藥在線」記述濁斑扁蠅虎（*Menemerus confusus* ，= *M. fulvus*）可作藥用。據中國清代醫學典籍《綱目拾遺》載，「調血脈，治跌打損傷；取蠅虎數個，研爛，好酒下」，而日本古代民間醫藥也會以濁斑扁蠅虎作為其中一種藥料。

生物的毒素除了幫助該生物捕獵外，人們正努力研究，希望從生物毒液中提取天然而具特殊藥效的活性成分，尤其是對治療癌病或神經有關病症。跳蛛（*Phidippus ardens*）的毒液便能有效突然破壞細胞膜及令細胞衰亡。依我的看法，現今生物醫學的研究人員經常在傳統草藥材的認知基礎上，利用現代科學技術去理解和發揚傳統的醫學知慧。跳蛛，真了不起！

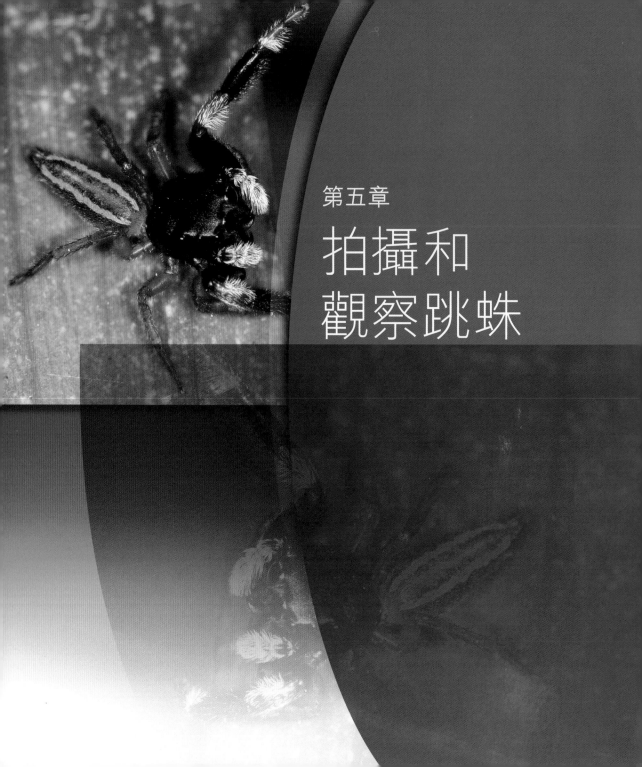

第五章

拍攝和
觀察跳蛛

要拍攝和觀察跳蛛，首先要知道那裏有跳蛛。跳蛛分布廣泛，家中、公園和郊野也有跳蛛的影蹤。說誇張一點，我在香港各處郊野地區也見到跳蛛，尤其是蟻蛛屬（*Myrmarachne sp.*）可說是無處不在。但我不會期望在人工化的市區公園和綠化地點能找到比較多樣化和數目較多的跳蛛，因為這些地點的植物經常被灑滅蟲劑和人工修剪，昆蟲少了同時影響到跳蛛也少了。香港郊野各種不同的生境中，我經驗認為在潮濕溫暖的低地河溪環境附近的樹林或灌木叢，是找尋跳蛛的理想地點，好像這本書採樣的地點，例如烏蛟騰、鹿頸、龍鼓灘、大棠和坑口等。

走對了地點後便要查找適當的位置，蕉樹的葉底、竹樹的莖子、禾本科植物的葉縫間、攀緣植物的葉片、灌木叢的花間、村屋的外牆、石牆的間隙、樹幹的外皮，以及一些人工建築，例如燈柱和欄柵，均容易找到跳蛛。

香港大學生態學及生物多樣性學系，於1995至96年期間所做的一項關於「香港蜘蛛群落組成的空間和季節變動」研究發現，在樹林和灌木叢較草叢有更多的跳蛛數目與物種。該研究也發現跳蛛的數目在濕季（即5至9月）明顯較多，而跳蛛在灌木叢的物種數目在濕季較多，但跳蛛在樹林裏的物種數目變動與季節因素的關係並不明顯。

由於標本經製作後會令跳蛛失去原來的顏色、光澤和形態，加上大多數跳蛛可從其外表已能分辨種類，跳蛛權威普薛斯基（Jerzy Proszynski）教授也表示認同拍攝跳蛛相片對分類工作上的貢獻和可靠性。我認同普薛斯基教授建議首選是拍攝跳蛛在自然生境的狀態，如採集活跳蛛作室內詳細拍攝，須拍攝跳蛛的前方、側面以及後方，相片並須清楚顯示其眼、螯肢和觸肢等特徵。完成拍攝後須把跳蛛放回野外，但千萬不要把跳蛛遷往其他生物地理區域。在一般情況下，跳蛛相片已足夠作為科學記錄用途。製作跳蛛標本只為必要性的學術研究比較用途，同時模式標本須存放在博物館供海內外研究人員參考。本書的製作不就是符合以上建議的麼！

如果你有採集活昆蟲或其他動物標本習慣的話，請問這些標本的用途是甚麼？是為了增加大眾的認知還是滿足增加個人收藏品的欲望？有一個具科學基礎的研究計劃麼？尊重生命不在乎牠是小微蟲還是大笨象，不在乎牠是常見物種還是瀕危物種！我想起在大學生時期製作了一些昆蟲標本也不禁心慄，真的曾經做錯了！做一個真正愛護生態的人，只須拿起照相機、紙和筆，就可為地球上不同的生物作見證。

第六章

香港的
跳蛛研究

研究香港跳蛛，可追溯至一百多年前。於 19 世紀末，法國跳蛛學者西蒙（Eugene Simon）是最早以科學文獻記錄在香港發現的跳蛛，並於 1901 年發表 8 種在香港記錄的新種跳蛛（見附錄一）。西蒙亦是近代跳蛛分類研究的權威，於 1899 至 1901 年期間建立的跳蛛科屬檢索表至今仍具參考價值。

20 世紀 30 年代，英國生物學家舒爾夫斯（Sherriffs）教授做了一個香港蛛形綱動物的調查，於 1934 至 1940 年間鑑別了 25 種香港蜘蛛，其中三種為跳蛛包括纓孔蛛（*Portia fimbriata*）、黑色蠅虎（*Plexippus paykulli*）和金線方胸蛛（*Thiania chrysogramma*）。

直至 20 世紀 80 年代，世界跳蛛權威普薜斯基教授在香港發現了一個新種跳蛛，有關發現於 1992 年發表，並以香港命名為 *Habrocestum hongkongensis*（見附錄一）。

20 世紀 90 年代，香港大學生態學及生物多樣性學系碩士研究生胡嘉儀，做了一項名為「香港蜘蛛群落組成的空間和季節變動」的研究，於 1995 至 96 年期間所採集的蜘蛛樣本曾被中國著名蜘蛛學者宋大祥教授、謝莉萍教授及朱明生教授等檢視，當中發現了 4 個新跳蛛種並以香港命名，包括香港菱頭蛛（*Bianor hongkong*）、香港伊蛛（*Icius hongkong*）、香港蘭戈納蛛（*Langona hongkong*）和香港盤蛛（*Pancorius hongkong*）。

2006 年中國研究人員徐湘和李樞強從事香港蜘蛛區系研究，並檢視了一批從香港採集的蜘蛛標本，發現其中有 8 或 9 個標本屬香港新記錄跳蛛（見附錄一）。

總結以上研究，在本書發表前共記錄了香港 35 種跳蛛。本書發表 42 種香港跳蛛新記錄，把香港跳蛛增加至 77 種（見附錄一），並列出 7 個潛在跳蛛物種，相信香港跳蛛物種可達 80 至 100 個。

第七章
香港
跳蛛圖鑑

香港自然和地理概況

　　香港位於中國東南部珠江河口沿海位置，北緯22度15分，東經114度10分，總陸地面積達1104平方公里，由香港島、九龍半島、新界及262個離島組成。　雖然香港屬亞熱帶氣候，但差不多有半年時間屬溫帶氣候性質。全年平均氣溫約攝氏23度，冬季（12至2月）的平均溫度約攝氏16度，不過亦可低至10度或以下；夏季（6至8月）的平均溫度約攝氏28度，亦可高達攝氏31度或以上。雨量集中在4月至9月期間，約佔全年雨量的90%，偶爾被熱帶氣旋吹襲。

香港跳蛛

　　香港有多少種跳蛛？我在小時候只知道三數種跳蛛。在本書出版前，香港有記錄的跳蛛共35種（見附錄一）。在前人的研究基礎下，我走遍香港多處，以半專業方式記錄和拍攝香港的跳蛛，本書輯錄了64種可完全辨認和13種末能完全辨認的跳蛛共77種。香港的氣候屬熱帶，生物地理區屬東洋界（Oriental）北部，鄰接古北界（Palaearctic）南部，多樣化的地形和生境例如數百公尺高的山群、濕地、河溪、次生樹林、灌木叢和農田等等。

　　隨着本書的出版，希望令更多朋友增加對跳蛛的興趣，有助普及跳蛛的觀察與研究，令更多的人懂得欣賞大自然，從而得到更多人支持和實踐環保，我深信未來將會有以香港命名的跳蛛。

香港地少山多，以山陵地形為主，因此約四分三的土地仍是郊野。最高點為大帽山，高958公尺。香港政府根據《郊野公園條例》把約百分之38土地劃為郊野公園及特別地區，佔地共約400平方公里；另外，把65處地方被列為具特殊科學價值地點，以確認其科學價值。

香港野生生物種類繁多，現已記錄超過3100個維管植物物種和變種，其中約2100種是本土植物；陸棲哺乳動物56種；野生鳥類超過465種；兩棲及爬行動超過100種，其中蛇有50多種，兩棲動物有24種；蝴蝶約240種；蜻蜓有超過110種；石珊瑚84種；淡水魚有160種。

中國幅員廣闊，涵蓋東洋界北部和古北界的生物，有記錄的跳蛛約有400種（附錄二）。其他國家的情況怎樣？位於東洋界的新加坡有45個屬71種跳蛛，位於古北界的法國和日本分別有142種和不少於115種跳蛛，英國有55種，位於新北界的加拿大有110種，而整個北美洲已知有315種。位於澳洲界的澳洲已知有340種跳蛛，但估計可達1400種。觀乎只有約1千平方公里面積的香港，已知有77種如此多樣化的跳蛛實在精彩得很，我想不到有甚麼理由不去珍惜這片自然生態。

通過我們對香港蝴蝶、蜻蜓、蛾、蟻、蚊、淡水魚、兩棲動物和鳥有較完整的普查，可以得知這些動物佔地球或中國同類物種的百分率，從而計算出中位數。計算一，如果地球上跳蛛物種數目是5500個，估計香港有94種（5500 x 1.7%）。計算二，如果中國跳蛛物種數目是400個，估計香港有88種（400 x 22%）。我認為用以上兩個計算方式所得的結果也屬接近和合理，綜合實際已知物種數目（77種跳蛛），所以估計香港跳蛛物種約80至100種。

麗頭包氏蛛♂
Bavia aericeps

學名	*Bavia aericeps* Simon, 1877
中文名稱	麗頭包氏蛛（港） （註：aericeps的意思是美麗的頭部，故建議此跳蛛的中文名稱為麗頭包氏蛛）
屬	包氏蛛屬（港） （Genus *Bavia* Simon, 1877） （註：Bavia取其音為包氏，故建議此屬的中文名稱為包氏蛛屬）
體長	約 6~7 毫米
習性	生活於樹林底部。
分布	中國大陸，中國香港，新加坡，馬來西亞，菲律賓，夏威夷，澳洲以及一些太平洋島嶼。
備註	香港新記錄種。

❶

46

❷

❸

1 前中眼非常巨大突出，有褐紅色毛包圍；觸肢呈暗褐色，末端披濃密白色毛；螯肢黑褐色，螯牙大，呈紅褐色。

2 此跳蛛的動態非常機械化，尤其是第I步足經常張開並舉起。

3 雄性 *Bavia aericeps* 的頭胸部寬扁，背甲呈黑色；腹部呈圓柱狀，末端收窄，腹背呈黃褐色，腹背兩側由前至後有1對暗褐色直寬帶，之上有1對鮮橙色直紋。

4 第I步足非常發達，膝節、後跗節和跗節呈淺褐色，而且有白色毛，其餘節呈黑色；第II、III及IV步足呈淺褐色；背甲眼區長有稀疏黑毛。

❹

麗頭包氏蛛♀
Bavia aericeps

學名	*Bavia aericeps* Simon, 1877
中文名稱	麗頭包氏蛛（港） （註：aericeps的意思是美麗的頭部，故建議此跳蛛的中文名稱為麗頭包氏蛛）
屬	包氏蛛屬（港） （Genus *Bavia* Simon, 1877） （註：Bavia取其音為包氏，故建議此屬的中文名稱為包氏蛛屬）
體長	約8~9毫米
習性	生活於樹林底部。
分布	中國大陸、中國香港、新加坡，馬來西亞、菲律賓、夏威夷、澳洲以及一些太平洋島嶼。
備註	香港新記錄種。

❶

❷

48

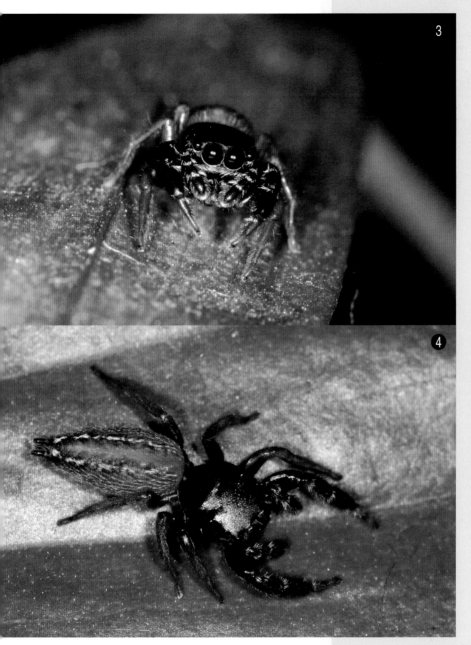

1 第I步足較發達，後跗節和跗節呈淺褐色，其餘節呈黑褐色；第II、III及IV步足呈淺褐色；背甲眼區長有稀疏黑毛。

2 此跳蛛的動態機械化，尤其是第I步足經常張開和舉起。

3 前中眼非常巨大突出，有褐紅色毛包圍，眼底有稀疏白色短毛；觸肢呈暗褐色，各節間長有1環白色毛；螯肢黑褐色，螯牙大，呈紅褐色。

4 雌性麗頭包氏蛛的頭胸部寬扁，背甲呈黑色；腹部長橢圓形，末端收窄，腹背呈黃褐色，腹背兩側有1對淺黃色斷斷續續的纖帶以及淺黃色斜紋；紡器呈黑褐色，明顯發達。

巨刺布氏蛛 ♀

Bristowia heterospinosa

學名	*Bristowia heterospinosa* Reimoser, 1934
中文名稱	巨刺布氏蛛（中）
屬	布氏蛛屬（Genus *Bristowia* Reimoser, 1934）
體長	約3~4毫米
習性	經常舉起第I步足，活動時像螳螂搖臂。
分布	中國大陸（湖南、貴州、雲南）、中國香港、日本、韓國、越南、印尼。
備註	香港新記錄種。雄性巨刺布氏蛛的外表跟雌性相似，但其第I步足較雌蛛長許多，尤其是基節和轉節明顯較長。

①

1 雌性亙刺布氏蛛的頭胸甲呈褐色，背甲眼區呈暗褐色以及有稀疏白毛；後側眼特大，由黑色包圍；腹部較頭胸部大，腹背呈黃褐色，並有不規則暗褐色斑紋。

2 觸肢細長，呈黃褐色；螯肢呈褐色。

3 第I步足較長，呈暗褐色，脛節腹面長有1行黑毛；其餘步足呈淺褐色。

4 第I步足經常舉起，活動時像螳螂搖臂。

波氏緬蛛 ♂
Burmattus pococki

學名	*Burmattus pococki* Thorell, 1895
中文名稱	波氏緬蛛（中）
屬	緬蛛屬（Genus *Burmattus* Proszynski, 1992）
體長	約10毫米
習性	生活在灌木叢，跳躍力強。
分布	中國大陸（湖南、廣東、廣西、貴州、雲南）、中國香港、日本、越南、緬甸。

1

1 雄性波氏緬蛛的頭胸部甚大，呈黑色，背甲上有多個白色斑紋，兩側後沿有白色纖帶；腹部較細小，呈黑褐色，腹背前端有1個白斑，白斑後有1條白色橫紋，後端有2對白點斑。

2 頭胸部高隆，腹部側近腹面有白色寬帶；第I及II步足呈黑色，而第III及IV步足呈黑褐色；各足步有白色環紋，跗節和後跗節呈黃褐色。

3 步足長，第I步足較發達。

4 前中眼底部圍白色鱗毛；觸肢呈黑色，細小但末端膨大；螯肢巨大呈黑色，形狀平直向下，背面長有白色鱗毛。

波氏緬蛛 ♀

Burmattus pococki

學名	*Burmattus pococki* Thorell, 1895
中文名稱	波氏緬蛛（中）
屬	緬蛛屬 （Genus *Burmattus* Proszynski, 1992）
體長	約 11~12 毫米
習性	生活在灌木叢，跳躍力強。
分布	中國大陸（湖南、廣東、廣西、貴州、湖南）、中國香港、日本、越南、緬甸。

❶

2

③

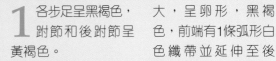

④

1 各步足呈黑褐色，跗節和後跗節呈黃褐色。

2 觸肢和螯肢呈黑褐色，有白色毛。

3 雌性波氏緬蛛外形和花紋跟雄性相似，但身體顏色較淺。雌性頭胸部呈黑褐色；腹部較頭胸部大，呈卵形，黑褐色，前端有1條弧形白色纖帶並延伸至後端，腹背前中央有1條白色直紋，而後有2對白斑點。

4 某些雌性個體顏色較淺，頭胸部和步足呈黃褐色，腹部呈灰褐色。

角貓跳蛛 ♂

Carrhotus sannio

學名	*Carrhotus sannio* Thorell, 1895
中文名稱	角貓跳蛛（中）
屬	貓跳蛛屬 （Genus *Carrhotus* Thorell, 1891）
體長	約 6~7 毫米
習性	生活在灌木叢，好奇善跳的跳蛛。
分布	中國大陸（江西、湖南、福建、廣東、廣西）、中國香港、越南、印度、印尼、菲律賓、緬甸、馬來西亞、尼泊爾。
備註	香港新記錄種。本書所示的雄性角貓跳蛛腹部的斑紋跟彭賢錦等著《中國跳蛛》一書內描述有異，但本跳蛛的斑紋跟 *C. barbatus* 相同，而普薛斯基教授評 *C. barbatus* 與 *C. sannio* 實為相同種，故建議此跳蛛乃屬角貓跳蛛（*C. sannio*）。

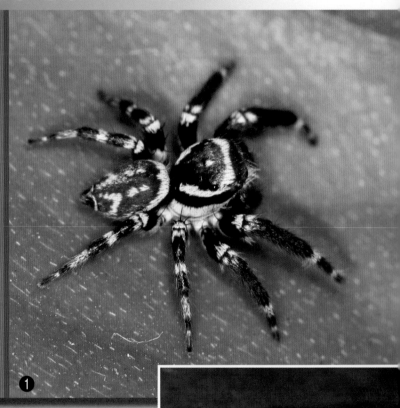

❶

❷

3

1　頭胸甲黑色，眼區有白帶，左右兩邊向後伸延，白帶後端不相連形成馬蹄狀，頭胸甲兩側邊沿有白色帶；腹部背面呈灰黑色，前端有弧形淡黃色帶，中央有2對淡黃色斑點及一對箭形花紋。

2　第一眼列與螯肢之間長白色短毛；觸肢黑褐色，末端膨大；螯肢黑褐色，背面有白色長毛；腿節腹面長有濃密白色長毛；第Ⅰ及Ⅱ步足腿節內側有1條金屬紫藍色縱紋。

4

3　頭胸部高隆；步足附節呈褐色，其餘各節黑褐色；足肢長有黑色和白色長毛，以及白色短毛形成白間，像斑馬腳。

4　腳節背面長有黑色剛毛。

角貓跳蛛 ♀
Carrhotus sannio

學名	*Carrhotus sannio* Thorell, 1895
中文名稱	角貓跳蛛（中）
屬	貓跳蛛屬 （Genus *Carrhotus* Thorell, 1891）
體長	約 7~8 毫米
習性	生活在灌木叢，好奇善跳的跳蛛。
分布	中國大陸（江西、湖南、福建、廣東、廣西）、中國香港、越南、印度、印尼、菲律賓、緬甸、馬來西亞、尼泊爾。
備註	香港新記錄種。

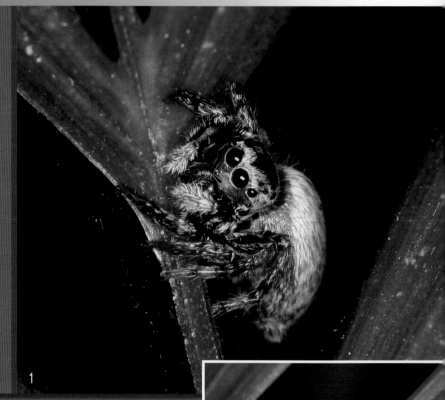

1

❷

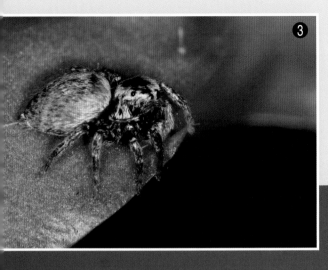

1 各步足大小相約，呈褐色，有白色毛，腿節背面長有黑色剛毛。

2 頭胸甲呈黑褐色，兩側有黃褐色短毛；腹部褐色。

3 頭胸部和腹部特別高隆；腹部肥大，於前端突然收窄。

4 頭胸甲背面有稀疏黑色長毛；觸肢和螯肢呈褐色，有白色長毛；各步足腿節、轉節和基節腹面長有濃密白色長毛。

3

4

優美金毛蛛 ♂

Chrysilla lauta

學名	*Chrysilla lauta* Thorell, 1887
中文名稱	優美金毛蛛（港） （註：lauta 意思是 elegant fashionable，故建議此跳蛛的中文名稱為優美金毛蛛）
英文名稱	Elegant Golden Jumper
屬	金毛蛛屬（港） （Genus *Chrysilla* Thorell, 1887） （註：Chrysilla 意思是 golden-haired，故建議此屬的中文名稱為金毛蛛屬）
體長	約 5~6 毫米
習性	此跳蛛色彩艷麗，身形纖細，經常舉起腹；生活於草地和灌木叢底部。
分布	中國大陸（湖南、海南）、中國香港、台灣、越南、緬甸、新加坡、馬來西亞。
備註	香港新記錄種。

❶

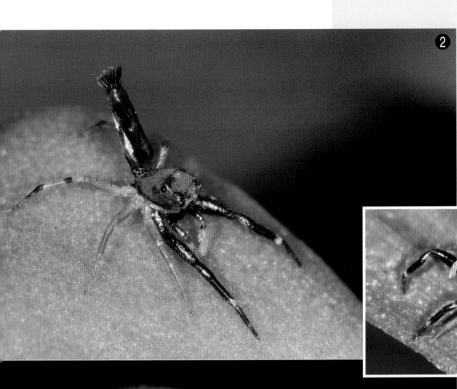

❷

1 雄性優美金毛蛛
的頭胸甲呈鮮紅
色,背甲前端和第三
眼列皆有1條金屬藍綠
色橫紋;腹部細長,
腹背呈暗紫色,中間
由前至後有1條金屬藍
綠色直紋。

❹

2 頭胸部高隆,背
甲兩側及邊沿皆
有1條金屬藍綠色帶;
經常舉起腹,紡器發
達。

3 第Ⅰ步足發達,呈
金屬暗紫色;其
餘步足呈淡黃色。

4 觸肢細長呈金屬
暗紫色,觸肢器
呈黃褐色;螯肢呈黑
褐色。

❸

多色金毛蛛 ♂

Chrysilla versicolor

學名	*Chrysilla versicolor* C. L. Koch, 1846
中文名稱	多色金毛蛛（港），多色金蟬蛛（中），眼鏡黑條蠅虎（台）
屬	金毛蛛屬（港） （Genus *Chrysilla* Thorell, 1887） （註：Chrysilla 意思是 golden-haired，故建議此屬的中文名稱為金毛蛛屬）
體長	約 7 毫米
習性	生活於樹林底部，蕉樹林。
分布	中國大陸（安徽、浙江、湖北、江西、湖南、廣東、廣西、雲南）、中國香港、台灣、日本、新加坡、印度、緬甸、越南、印尼、以及東洋區其他地區。
備註	此跳蛛已由金蟬蛛屬（Genus *Phintella*）更改為金毛蛛屬（Genus *Chrysilla*）。

1

2

1 雄性多色金毛蛛如其名，身體顏色豐富；頭胸甲呈黑色，背甲有8個白色斑紋，兩側邊沿有1條白色帶，並於後側會合；腹背中央有1條古銅色直紋，兩側白色。

2 第I及II步足呈黑色，具白色環紋；第III及IV步足呈黃褐色。

3 兩前中眼之間的上和下方有1個白色斑點；觸肢呈淡黃色，有白色短毛；螯肢大呈黑色，螯牙長呈褐色。

4 某些雄性多色金毛蛛的頭胸背花紋有異，如圖的個體背甲中央只有1條牙白色直紋，這是否與個體的齡期有關尚待考證。

3

4

多色金毛蛛 ♀

Chrysilla versicolor

學名	*Chrysilla versicolor* C. L. Koch, 1846
中文名稱	多色金毛蛛（港），多色金蟬蛛（中），眼鏡黑條蠅虎（台）
屬	金毛蛛屬（港）（Genus *Chrysilla* Thorell, 1887）（註：Chrysilla 意思是 golden-haired，故建議此屬的中文名稱為金毛蛛屬）
體長	約 6 毫米
習性	生活於樹林底部，蕉樹林。
分布	中國大陸（安徽、浙江、湖北、江西、湖南、廣東、廣西、雲南）、中國香港、台灣、日本、新加坡、印度、緬甸、越南、印尼、以及東洋區其他地區。
備註	台灣以雌蛛的頭胸部花紋特徵來命名，所以稱作眼鏡黑條蠅虎。此跳蛛已由金蟬蛛屬（Genus *Phintella*）更改為金毛蛛屬（Genus *Chrysilla*）。

1

❷

❸

❹

1 雌性多色金毛蛛的外表跟雄性有很大分別，頭胸甲呈古銅色，有白色鱗毛，形成2個眼鏡狀花紋；腹部有牙白色鱗毛，形成古銅色斑紋。

2 觸肢呈淡黃色，有白色短毛；螯肢呈桔褐色。

3 步足呈透明黃褐色，具黑色環紋。

4 雌性多色金毛蛛幼蛛全身呈白色，具黑色小斑點。

單色灰蛛（性別不詳）

Cocalus concolor

學名	*Cocalus concolor* C. L. Koch, 1846
中文名稱	單色灰蛛（港） （註：concolor 意思是單一顏色，故建議此跳蛛的中文名稱為單色灰蛛）
屬	灰蛛屬（港）（Genus *Cocalus* Koch C. L., 1846） （註：Cocalus意思是灰色，故建議此屬的中文名稱為灰蛛屬）
體長	約 12 毫米
習性	此跳蛛跳躍能力差，不喜歡在平面上行走，但有在枝條上行走的獨特行為，喜好緊抱同色灌木植物的枝條，靜伏等待獵物。
分布	中國香港，印尼，新幾內亞。
備註	香港新記錄種，中國新記錄種。此跳蛛的標本甚少，一般在雨林生活，國外的雄性標本沒有觸肢，這點跟相片1、3、4號相同（樣本在大棠採集），暫未確知無觸肢是否屬於樣本的個別例子，還是雄性的特徵，但相片2號則有觸肢（攝於沙羅洞）。

❶

❷

❸

❹

1 此跳蛛顏色暗啞，全身披滿短毛，主要呈淡灰褐色；頭胸甲兩側有白色寬帶，背甲後側眼有2條褐色帶；腹部呈長錐形，腹背有不清澈的「人」字形褐色紋。

2 攝於沙羅洞的樣本具有很長的觸肢。

3 背甲近後側眼兩沿凸起，形成中部凹陷，但中央有凸起；圖中個體不見觸肢，螯肢呈黑褐色。

4 後中眼頗大，向前；頭胸部高隆，由第一眼列起微向上斜，至第三眼列為最高點，然後大幅向後下斜；步足長，有灰褐色短毛，具褐色剛毛。

胞蛛屬 1 （性別不詳）

Cytaea sp. 1

學名	*Cytaea* sp. 1
中文名稱	胞蛛屬 1
屬	胞蛛屬 （Genus *Cytaea* Keyserling, 1882）
體長	約 5~6 毫米
習性	生活在草叢和灌木叢的花間。
分布	中國香港、台灣。
備註	香港新記錄種。雖然宋大祥和胡嘉儀於1997年發表的《香港蜘蛛記述》一文中列出澤氏西爾蛛（*Cyrba szecbenyii* Karsch, 1897），但 Wanless 氏認為 Karsch 氏誤把 Cyrba *szecbenyii* 歸入 *Cyrba* 屬。觀乎 *Cyrba* 屬的模式種有某些外表特徵與胞蛛屬（Genus *Cytaea*）有相似之處，故認為 *Cyrba szecbenyii* 有機會是胞蛛屬一種。另外，此跳蛛需要跟台灣的 *Cytaea levii* 作比較。類似的情況也有例子參考，例如 *Cyrba armillata* Peckham et Peckham, 1907，現在已改為 *Cytaea armillata*。

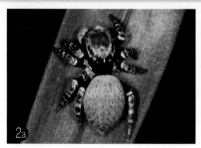

3a

3b

4a

4b

1 此跳蛛的頭胸部高隆，背甲兩側近於垂直，呈暗褐色，眼區長有褐色毛；腹部呈卵圓形，前端垂直，腹背有密黃褐色及稀疏幼弱黑色長毛，形成一些不規則的小灰斑，腹部前端有暗褐色帶，並向兩側伸延。

2 （a）此跳蛛的第一眼列呈弧形，頭胸甲從背面看似「U」字形，中窩明顯凹陷而細小，背甲後側呈暗褐色。（b）有些個體的身體顏色較淺，頭胸甲呈褐紅色，眼區呈黃褐色；腹背後1/2具數個「人」字形暗紋。

3 （a）此跳蛛的前眼附近為褐色；觸肢呈黃褐色，有濃密淡黃褐色長毛；螯肢呈暗褐色；步足的腿節內側及腹面長有淡黃色長毛。（b）有些個體的觸肢呈黃褐色，末端較膨大。

4 （a）此跳蛛的頭胸甲背面平坦，及至末端才突然接近垂直下降；步足呈暗褐色且具黃褐色環斑，多毛及刺；步足的長度依次由長至短為3-4-1-2。（b）有些個體的步足顏色較淺，呈橙褐色且具較粗的剛毛和刺。

白斑艾普蛛 ♂

Epeus alboguttatus

學名	*Epeus alboguttatus* Thorell, 1887
中文名稱	白斑艾普蛛（港） （註：albo 意思是白色，guttatus 意思是斑紋，故建議此跳蛛的中文名稱為白斑艾普蛛）
屬	艾普蛛屬 （Genus *Epeus* Peckham, Peckham, 1885）
體長	約 12 毫米
習性	由於步足非常長，反而行走帶來不便，故經常停留在葉片上等待獵物。
分布	中國大陸、中國香港、越南、緬甸。
備註	香港新記錄種。

❶

❷

1 頭胸部高隆，呈黃褐色；背甲兩側有兩條白帶連貫側眼；腹部呈長錐形，黃褐色，腹背中央褐色。

2 背甲眼區由紅色短毛形成三角形斑，後端紅毛較長及形成突起，背甲後側長有稀疏黑色長毛；前側眼位置較前中眼後，形成 4 個眼列（2+2+2+2模式）；觸肢長呈黑褐色，觸器膨大呈褐色；螯肢長直呈黑褐色，螯牙呈褐色。

3 步足呈黑褐色，並經常作完全伸展狀；第I及II步足跗節呈淡黃色；步足有稀疏黑毛；腿節背面長有稀疏剛毛。

4 各步足非常長，較體長更要長；第I步足後跗節及脛節腹面分別有2及4條黑色剛毛。

白斑艾普蛛♀

Epeus alboguttatus

學名	*Epeus alboguttatus* Thorell, 1887
中文名稱	白斑艾普蛛（港） （註：albo意思是白色，guttatus意思是斑紋，故建議此跳蛛的中文名稱為白斑艾普蛛）
屬	艾普蛛屬 （Genus *Epeus* Peckham, Peckham, 1885）
體長	約 12 毫米
習性	由於步足非常長，反而行走帶來不便，故經常停留在葉片上等待獵物。
分布	中國大陸、中國香港、越南、緬甸。
備註	香港新記錄種。

①

1 頭胸甲黃綠色，背甲眼區呈淡黃色且具數個淡紅色斑；腹部長錐形，呈黃褐色，腹背中央由前至後有2條淡黃色直帶。

2 頭胸部高隆；第I步足後跗節及脛節腹面分別有2及4條褐色剛毛。

3 前側眼位置較前中眼後，形成4個眼列（2+2+2+2模式）；觸肢和螯肢呈黃綠色，有稀疏白毛。

4 各步足非常長，較體長更長，並經常作完全伸展狀；步足呈黃綠色。

鋸艷蛛 ♂

Epocilla calcarata

學名	*Epocilla calcarata* Karsch, 1880
中文名稱	鋸艷蛛（中）
屬	艷蛛屬 （Genus *Epocilla* Thorell, 1887）
體長	約 10 毫米
習性	生活在樹林底部；第I步足特別發達，走動時機械化。
分布	中國大陸（湖南、廣東、廣西、四川、雲南）、中國香港、新加坡、婆羅洲、東印度群島（西里伯斯）。
備註	香港新記錄種。

1

2

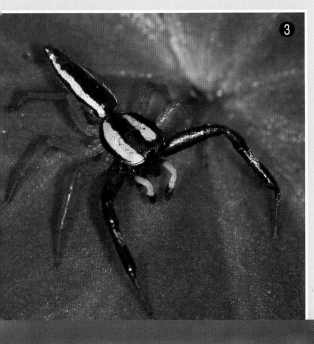

1 雄性鋸艷蛛頭胸甲的長度較寬度長，背兩側有一條褐色帶形成「V」狀，背中央有一條白色直紋；腹部窄長呈錐形，腹背由前至後有一條褐色帶。

2 頭胸甲兩側有白色帶，由前端延伸至後端並逐漸收窄；腹部兩側有白色帶。

3 第I步足特別發達呈褐色，脛節腹面有4條刺（由前至後相對長度：短、長、長、中），後對節腹面有1條短刺；第II、III及IV步足黃褐色；各步足腿節背面有稀疏黑色剛毛。

4 頭胸甲前端邊沿呈向上弧形；觸肢黃色，而末端呈褐色；螯肢巨大而平直，呈褐色。

鋸艷蛛 ♀

Epocilla calcarata

學名	*Epocilla calcarata* Karsch, 1880
中文名稱	鋸艷蛛（中）
屬	艷蛛屬（Genus *Epocilla* Thorell, 1887）
體長	約 10 毫米
習性	生活在樹林底部。
分布	中國大陸（湖南、廣東、廣西、四川、雲南）、中國香港、新加坡、婆羅洲、東印度群島（西里伯斯）。
備註	香港新記錄種。

1

2

1 頭胸甲前端邊沿呈向上弧形；第一眼列與螯肢之間白色；觸肢和螯肢黃褐色。

2 頭胸部兩側自前側眼至後側眼有橙色條紋；腹部長而且肥大，腹背有兩條橙色寬帶，寬帶內側突出5至6個鈎狀紋，形成4至5個心形白色圖案。

3 頭胸甲兩側有白色寬帶，由前端延伸至後端。

4 各步足大小相約，呈黃褐色，腿節背面長有數條黑色剛毛。

艷蛛屬 1 ♂

Epocilla sp. 1

學名	*Epocilla* sp. 1
中文名稱	艷蛛屬 1
屬	艷蛛屬 （Genus *Epocilla* Thorell, 1887）
體長	約 8~9 毫米
習性	生活在樹林底部。
分布	中國香港
備註	此雄性艷蛛與鋸艷蛛雄性相似，但主要分別包括：（1）步足顏色，（2）螯肢顏色，（3）後附節與脛節上刺的數目與大小。另外，此艷蛛需要與宋大祥教授發表的圖紋艷蛛（*Epocilla picturata*）香港記錄作比較。

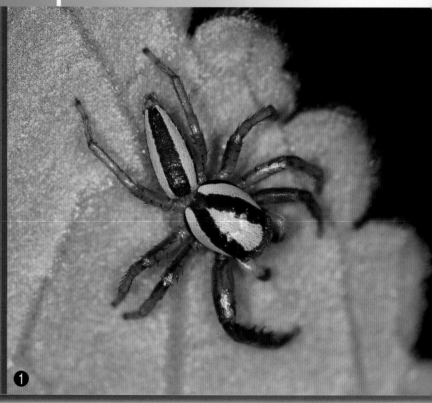

❶

78

1 頭胸甲背兩側有一條藍褐色帶形成「V」狀，背中央有一個乳黃色三角形斑；腹部窄長呈錐形，腹背由前至後有一條藍褐色直帶。

2 頭胸甲前端邊沿較平直（與雄性鋸艷蛛比較）；觸肢黃褐色，末端呈藍褐色；螯肢藍褐色；第I步脛節腹面有4條長度相約的長刺，後對節腹面有2條刺（由前至後相對長度：短、長）。

3 各步足腿節背面有稀疏黑色剛毛。

4 第I步足較發達，各步足呈藍褐色。

艷蛛屬 1 ♀
Epocilla sp. 1

學名	*Epocilla* sp. 1
中文名稱	艷蛛屬 1
屬	艷蛛屬 （Genus *Epocilla* Thorell, 1887）
體長	約 7~8 毫米
習性	生活在樹林底部。
分布	中國香港
備註	此雌性艷蛛與鋸艷蛛雌性相似。另外，此艷蛛需要與宋大祥教授發表的圖紋艷蛛（*Epocilla picturata*）香港記錄作比較。

❶

1 此雌性艷蛛的頭胸甲呈黃褐色，背甲上側邊沿左右各有1條橙色直紋，貫穿前側眼和後側眼，形成「V」字狀，眼區呈淡黃色並長有稀疏黑色毛，背甲兩側各有1條白色寬帶；腹部呈圓錐形，腹兩側各有1條白色帶，腹背上有2條褐紅色弧形紋，中間呈黃褐色和淡黃色。

2 頭胸甲前端邊沿較平直（與雌性鋸艷蛛比較）；前眼底部白色，觸肢幼細呈淡黃色；螯肢平直，呈橙褐色。

3 頭胸部高隆，前中眼大且凸出，後中眼非常細小。

4 步足呈黃褐色，腿節背面長有數條黑色剛毛。

斑蛛屬 1（性別不詳）

Euophrys sp. 1

學名	*Euophrys* sp. 1
中文名稱	斑蛛屬 1
屬	斑蛛屬 （Genus *Euophrys* Koch C.L., 1834）
體長	約 5 毫米
習性	生活於灌木叢底部
分布	中國香港。
備註	香港新記錄種。此跳蛛的外表形態擁有斑蛛屬（Genus *Euophrys*）的特徵。

1

❷

❸

❹

1 第Ⅰ及Ⅱ步足的腿節、膝節和脛節腹面長有1列濃密長毛。

2 此跳蛛的頭胸甲呈暗褐色，眼區呈長方形，寬度約是長度的兩倍，而眼區長度約為頭胸甲長度的1/3；背甲後側眼之間有1條白色橫帶，兩側各有1條白色帶；腹部背呈淺褐色，前端有1條弧形白帶，腹背後1/3有1對白斑。

3 前中眼巨大，前側眼微微向兩側方向；前眼底有兩條白色纖帶；觸肢呈淡黃色，有濃密淡黃色長毛；螯肢呈暗褐色。

4 頭胸甲頗高隆，背面第三眼列後仍是平坦；步足多毛及有刺，呈暗褐色，後跗節和跗節呈黃褐色。

雙冠獵蛛 ♂

Evarcha bicoronata

學名	*Evarcha bicoronata* Simon, 1901
中文名稱	雙冠獵蛛（港）
屬	獵蛛屬（Genus *Evarcha* Simon, 1902）
體長	約 7~8 毫米
習性	生活於灌木叢底部，善於跳躍。
分布	中國香港。
備註	此跳蛛目前只在香港有記錄。

❶

1 雄性雙冠獵蛛的前側眼上各有1~2條白色剛毛，是其名字「雙冠」所指的意思；觸肢呈黑褐色，末端膨大和披濃密白色毛；螯肢呈黑色。

2 頭胸部高隆，背甲平坦，及至後1/4才急斜向下；腹部呈圓錐形，腹背後1/2有2條直行白色長毛。

3 步足多毛和剛毛；第I步足比較發達粗壯，跗節呈黃褐色，其餘節呈黑色，膝節、脛節和後跗節腹面有較濃密白毛。

4 頭胸甲呈黑色，背甲兩側上邊沿有1個馬蹄形白色帶，背甲兩側上邊沿有1條白色帶；眼區呈長方形，寬度較長度長少許；腹部呈黑褐色，前端有白色長毛，腹背中央由前至後有1條灰白色帶，腹兩側各有1條灰白色帶；紡器呈黑褐色。

黃帶獵蛛 ♀

Evarcha flavocincta

學名	*Evarcha flavocincta* C. L. Koch, 1846
中文名稱	黃帶獵蛛（中）
英文名稱	Horned Grass Jumper
屬	獵蛛屬 （Genus *Evarcha* Simon, 1902）
體長	約 9~10 毫米
習性	生活於灌木叢底部。
分布	中國大陸（湖南、廣東、海南、廣西）、中國香港、日本、越南。
備註	此跳蛛目前未有雄性標本記錄，需要詳細比較雄性雙冠獵蛛（*E. bicoronata*）與雌性黃帶獵蛛（*E. flavocincta*）的外生殖器。

❶

1 頭胸甲紅褐色，甲背眼區黑色呈長方形，甲背2/3處有弧形稀疏白毛；腹部卵形呈褐色，腹背中央由1/3處起至末有6個「箭」形白帶，腹背後端1/3有一對黑色斑紋。

2 第一眼列與螯肢之間長有濃密白毛；腹背由中央至末端長有6對排列成兩直行的白色長毛。

3 前側眼後方有兩束黑色剛毛；背甲前端長有稀疏白色長毛；觸肢褐色，有白色長毛；螯肢紅褐色，背披白色長毛。

4 步足紅褐色，各大小相約，長有稀疏白毛。

鰓蛤莫蛛 ♂

Harmochirus brachiatus

學名	*Harmochirus brachiatus* Thorell, 1877
中文名稱	鰓蛤莫蛛（中）
英文名稱	Hairy-Armed Jumper
屬	蛤莫蛛屬（Genus *Harmochirus* Simon, 1885）
體長	約 3~4 毫米
習性	一個非常細小的種，生活於草叢近地面處，跳躍能力差。
分布	中國大陸（浙江、湖南、福建、廣東、廣西、貴州、雲南）、中國香港、台灣、日本、新加坡、越南、菲律賓、印度、印尼、澳洲。
備註	香港新記錄種。

1

❷

❸

4

1 雄性鰓蛤莫蛛的頭胸部呈方形像骰子，黑褐色，背甲眼區長有黃褐色短毛；腹部圓形，呈黑褐色，腹背前端中央長有黃褐色短毛。

2 頭胸甲兩側邊沿有白色帶；第Ⅰ步足黑褐色，後跗節和脛節腹面分別有2及3對刺；其餘步足呈黃褐色。

3 觸肢及螯肢呈黑褐色；第Ⅰ步足脛節膨大，背面及腹面長有整齊黑色毛叢。

4 此跳蛛步行時，經常舉起第Ⅰ步足，並且呈伸展和收縮狀，行為像螳螂揮動前臂。

鰓蛤莫蛛 ♀

Harmochirus brachiatus

學名	*Harmochirus brachiatus* Thorell, 1877
中文名稱	鰓蛤莫蛛（中）
英文名稱	Hairy-Armed Jumper
屬	蛤莫蛛屬 （Genus *Harmochirus* Simon, 1885）
體長	約 4 毫米
習性	一個非常細小的種，生活於草叢近地面處，跳躍能力差。
分布	中國大陸（浙江、湖南、福建、廣東、廣西、貴州、雲南）、中國香港、台灣、日本、新加坡、越南、菲律賓、印度、印尼、澳洲。
備註	香港新記錄種。

❶

1 雌性鰓蛤莫蛛外表跟雄性相似，頭胸部呈黑褐色，眼區呈四方形；第I步足發達，脛節膨大，毛束不及雄蛛，脛節腹面內側有3條剛毛，後對節腹面有2條剛毛。

2 雌性腹部較大，呈卵圓形，黑褐色，腹背中央有2對明顯肌痕，後端有1個淡黃色弧形斑紋，腹前端兩側有1條淡黃色弧形斑紋，伸延至腹中部。

2

花蛤沙蛛 ♂

Hasarius adansoni

學名	*Hasarius adansoni* Audouin, 1827
中文名稱	花蛤沙蛛（中），阿氏哈沙蛛（港），安德遜蠅虎（台）
英文名稱	Adanson's House Jumper
屬	蛤沙蛛屬（Genus *Hasarius* Simon, 1871）
體長	約6毫米
習性	城市家中常見的跳蛛。
分布	中國大陸（湖南、福建、廣東、海南、四川、雲南）、中國香港、台灣、日本、越南、新加坡、印度。

4

1 第I步足較發達，第I及II步足呈黑，第III及IV步足呈黑褐色。

2 雄性花蛤沙蛛頭胸部呈黑色，背甲兩側及後側有「U」形白色帶；腹部較頭胸部小，呈黑褐色，腹背前端有弧形白帶，腹背有兩對白色小斑點。

3 前眼有紅褐色包圍；觸肢黑色，背面長有凸出白毛束；螯肢黑色，螯牙暗紅色。

4 頭胸部高隆，腹部呈三角錐形。

花蛤沙蛛 ♀

Hasarius adansoni

學名	*Hasarius adansoni* Audouin, 1827
中文名稱	花蛤沙蛛(中)，阿氏哈沙蛛(港)，安德遜蠅虎(台)
英文名稱	Adanson's House Jumper
屬	蛤沙蛛屬 （Genus *Hasarius* Simon, 1871）
體長	約7毫米
習性	城市家中常見的跳蛛。
分布	中國大陸（湖南、福建、廣東、海南、四川、雲南）、中國香港、台灣、日本、越南、新加坡、印度。

❶

❷

3

1 雌性花蛤沙蛛跟雄性外表明顯不同，頭胸甲呈暗褐色，背甲兩側及後側有1條「U」形黃褐色帶，眼區附近有紅褐色斑；腹部呈卵形，腹背褐色，前端有1條弧形黃褐色纖帶，腹背有1對暗褐色縱紋。

2 頭胸部高隆。

3 觸肢呈黃褐色，有淡黃色毛；螯肢黑褐色，螯牙紅褐色。

4 步足呈暗褐色，大小相約。

4

閃蛛屬 1 ♂

Heliophanus sp. 1

學名	*Heliophanus* sp. 1
中文名稱	閃蛛屬 1
屬	閃蛛屬 （Genus *Heliophanus* Koch C.L., 1833）
體長	約 5 毫米
習性	生活於樹林底部。
分布	中國香港。
備註	香港新記錄種。此雄性閃蛛與雌蛛同時在一個巢發現。

❶

❷

❸

1. 雄性的頭胸甲呈黑色且具光澤，眼區呈黑褐色，中窩明顯凹陷；腹部卵形呈褐色且具光澤，腹背有黃褐色短毛，有2對明顯肌痕；紡器細小，呈暗褐色。

2. 第I及II步足呈黑褐色，第III及IV步足呈暗褐色。

3. 前眼有黃褐色毛包圍；觸肢呈褐色，脛節有明顯骨突，末端膨大；螯肢呈黑色，螯基背面有數條白毛。

4. 第I步足較發達，後跗節和脛節腹面各有2條大刺。

❹

閃蛛屬 1 ♀

Heliophanus sp. 1

學名	*Heliophanus* sp. 1
中文名稱	閃蛛屬 1
屬	閃蛛屬（Genus *Heliophanus* Koch C.L., 1833）
體長	約 6 毫米
習性	生活於樹林底部。
分布	中國香港。
備註	香港新記錄種。此雌性閃蛛與雄蛛同時在一個巢發現。

1

1 第I及II步足呈黑褐色，第III及IV步足呈暗褐紅色。

2 前眼有黃褐色毛包圍；觸肢呈黑褐色，有白色毛；螯肢呈黑色，螯基背面有數條白毛，螯牙長，呈暗紅色。

3 雌性的頭胸甲呈黑色且具光澤，中窩明顯凹陷；腹部卵形呈暗褐色且具光澤，腹背有黃褐色短毛，有2對明顯肌痕；紡器細小，呈黑褐色。

4 頭胸甲背面和腹背長有幼弱的透明和黑色毛。

香港伊蛛 ♂

Icius hongkong

學名	*Icius hongkong* Song, Xie, Zhu, Wu, 1997
中文名稱	香港伊蛛（港）
屬	伊蛛屬（Genus *Icius* Simon, 1876）
體長	約 4 毫米
習性	生活於樹林底部；跳躍力差。
分布	中國香港
備註	此跳蛛的鑑別是根據宋大祥等發表之《香港跳蛛記述（蜘蛛目：跳蛛科）》一文，但普薛斯基教授認為宋氏所指的 *Icius hongkong* 可能錯誤地歸入伊蛛屬。根據本跳蛛的外形特徵，建議須考慮歸類入擬伊蛛屬（Genus *Pseudicius*）。此跳蛛目前只在香港有記錄。

1

1 雄性香港伊蛛的頭胸甲有淺灰色短毛，後側眼大，置於頭胸部 1/2 處；腹部較頭胸部大，腹背呈黃灰色具不規則灰黑色點，中央由前端至後端有 1 條暗直紋。

2 觸肢呈黃褐色，觸肢器呈淡黃色；螯肢呈紅褐色；觸肢、第 I、II 及 III 步足內側具黑色直紋。

3 步足 I 較粗大，步足長度由長至短為 4-1-3-2。

4 頭胸部和腹部背扁平。

香港伊蛛♀

Icius hongkong

學名	*Icius hongkong* Song, Xie, Zhu, Wu, 1997
中文名稱	香港伊蛛（港）
屬	伊蛛屬（Genus *Icius* Simon, 1876）
體長	約 4 毫米
習性	生活於樹林底部；跳躍力差。
分布	中國香港。
備註	此跳蛛的鑑別是根據宋大祥等發表之《香港跳蛛記述（蜘蛛目：跳蛛科）》一文，但普薛斯基教授認為宋氏所指的 *Icius hongkong* 可能錯誤地歸入伊蛛屬。根據本跳蛛的外形特徵，我建議須考慮歸類入擬伊蛛屬（Genus *Pseudicius*）。此跳蛛目前只在香港有記錄。

1

1 雌性香港伊蛛的外表跟雄性相似，頭胸甲呈黑褐色，有淺灰色短毛；腹部較頭胸部大，長卵形，披黃灰色短毛，腹背中央由前端至後端有6個灰褐色橫紋斑。

2 觸肢呈淡黃色，螯肢呈暗褐色；步足呈淡黃色，內側有黑色斑紋。

3 頭胸部背面扁平，背甲兩側有1條黃褐色橫帶，以及在邊沿有1條白色纖帶。

角突翹蛛 ♂

Irura trigonapophysis

學名	*Irura trigonapophysis* Pen, Yin, 1991
中文名稱	角突翹蛛（中）
屬	翹蛛屬 （Genus *Irura* Peckham, Peckham, 1901）
體長	約 6 毫米
習性	生活在樹林底部，不善跳躍，第 I 步足巨大且行動機械化。
分布	中國大陸（福建、廣東）、中國香港。
備註	香港新記錄種。

❶

❷

1 雄性角突翹蛛形
似蟹，頭胸甲扁
平而寬闊，呈黑色，
甲背前沿呈弧形。

2 腹部跟頭胸部緊
貼，呈卵形而末
端尖，腹背黑色，兩
邊各有一條銀色纖
帶，中間形成燈泡
狀。

3 觸肢呈黑褐色，
末端膨大；螯肢
黑色粗壯向兩邊翹
起，螯牙呈紅褐色。

4 步足黑色，跗節
褐色；第1步足脛
節腹面有2條長刺，後
附節腹面有2條刺（由
前至後相對長度：
短、長）。

角突翹蛛 ♀

Irura trigonapophysis

學名	*Irura trigonapophysis* Peng, Yin, 1991
中文名稱	角突翹蛛（中）
屬	翹蛛屬（Genus *Irura* Peckham, Peckham, 1901）
體長	約 6~7 毫米
習性	生活在樹林底部，不善跳躍，第 I 步足巨大且行動機械化。
分布	中國大陸（福建、廣東）、中國香港。
備註	香港新記錄種。

①

1 雌性角突翹蛛跟雄蛛外型相似，但顏色較淺，頭胸甲黑褐色；腹背褐色，兩邊各有一條金色織帶。

2 觸肢呈黑褐色，多毛；螯肢黑褐色、粗壯，可向兩邊翹起，螯牙呈紅褐色。

3 第I步足特別發達粗壯，長度較體長更長，膝節、脛節和後跗節腹面長有濃密褐色長毛。

4 後側眼大，直徑與前側眼相約；第I步足黑褐色，第II、III和IV步足腿節黑褐色，膝節、脛節和後跗節呈褐色，有稀疏金色短毛。

雙帶扁蠅虎 ♂

Menemerus bivittatus

學名	*Menemerus bivittatus* Dufour, 1831
中文名稱	雙帶扁蠅虎（港） （註：bivittatus 意思是兩條帶，故建議此跳蛛的中文名稱為雙帶扁蠅虎）
英文名稱	Common House Jumper
屬	扁蠅虎屬 （Genus *Menemerus* Simon, 1868）
體長	約 7~8 毫米
習性	常見於鄉郊地區的建築物外牆或屋內，行動敏捷善跳。
分布	廣泛分布於各溫暖和熱帶地區、包括中國香港、越南、新加坡、婆羅洲、澳洲和非洲等。
備註	*M. bivittatus*（雙帶扁蠅虎）與 *M. bonneti*（包氏扁蠅虎）是同種異名，現須採用前者名字。

1

2

3

4

1 雄性雙帶扁蠅虎胸部呈長方形，頭胸甲黑褐色，背甲眼區至後端有1個三角形灰黃色斑紋，兩側邊沿有1條白色帶；腹部卵形，腹背呈灰黃色，中央有1條褐色纖帶，纖帶末段有 4 個「人」字形褐色花紋。

2 頭胸部扁平；各步足大小相約，呈黑褐色，有黃褐色毛。

3 前眼下方有白色短毛，白色帶並向兩側伸延；觸肢呈白色有白色毛，觸肢器呈黑褐色；螯肢黑色，基部有白色毛。

4 某些雄性雙帶扁蠅虎，個體背甲的斑紋有異，如圖中的個體其背甲的灰黃色斑紋呈菱形。

雙帶扁蠅虎 ♀

Menemerus bivittatus

學名	*Menemerus bivittatus* Dufour, 1831
中文名稱	雙帶扁蠅虎（港） （註：bivittatus 意思是兩條帶，故建議此跳蛛的中文名稱為雙帶扁蠅虎）
英文名稱	Common House Jumper
屬	扁蠅虎屬 （Genus *Menemerus* Simon, 1868）
體長	約 8~9 毫米
習性	常見於鄉郊地區的建築物外牆或屋內，行動敏捷善跳。一對觸肢經常快速上下擺動。
分布	廣泛分布於各溫暖和熱帶地區、包括中國香港、越南、新加坡、婆羅洲、澳洲和非洲等。
備註	*M. bivittatus*（雙帶扁蠅虎）與 *M. bonneti*（包氏扁蠅虎）是同種異名，現須採用前者名字。

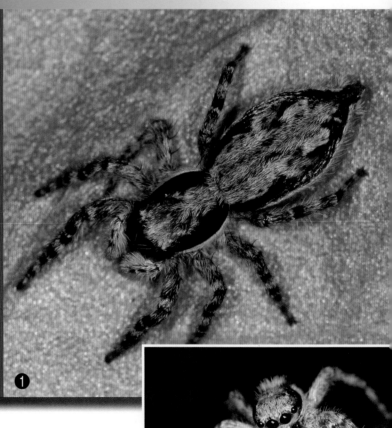

❶

2

1 雌性雙帶扁蠅虎的頭胸甲呈黑褐色，背甲眼區至後端有1個三角形灰黃色斑紋；腹部較頭胸部大，腹背有灰褐色毛，兩側由前端至末端有黑褐色帶，後端有2至3個「人」字形黑褐色斑紋。

2 前眼底有橙色毛；觸肢呈淡黃色，並披有濃密同色長毛；螯肢呈黑褐色。

3 頭胸甲兩側邊沿有白色帶；各步足大小相約，呈黃褐色，有白色長毛。

4 雙帶扁蠅虎身體如其名，頭胸和腹部十分扁平，經常以貼伏的姿勢行走和靜止。

3

4

黃褐扁蠅虎 ♀

Menemerus fulvus

學名	*Menemerus fulvus* L. Koch, 1877
中文名稱	黃褐扁蠅虎（港） （註：fulvus意思是黃褐色，故建議此跳蛛的中文名稱為黃褐扁蠅虎）
屬	扁蠅虎屬 （Genus *Menemerus* Simon, 1868）
體長	約8毫米
習性	生活在樹林底部。
分布	中國大陸、中國香港、日本、印度、緬甸、越南。
備註	香港新記錄種。*M. fulvus*（黃褐扁蠅虎）與 *M. confuses*（白鬚蠅虎）是同種異名，現須採用前者名字。

❶

❷

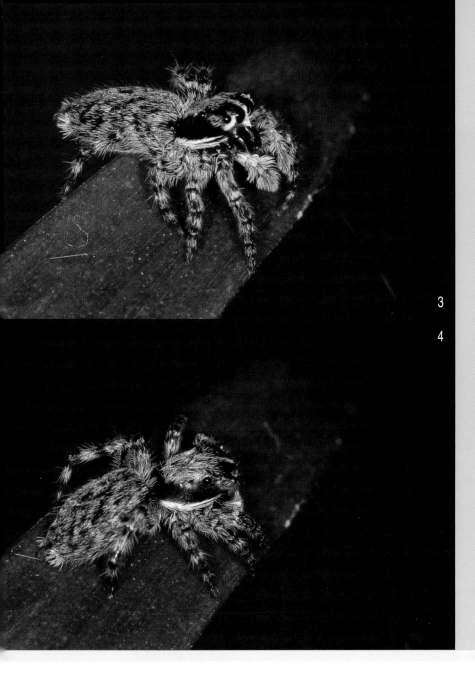

1 觸肢呈黃褐色，有濃密白色長毛；螯肢呈黑褐色。

2 頭胸甲呈暗褐色，背甲有灰白色短毛；腹部較頭胸部大，呈暗褐色，有灰白色毛。

3 頭胸部背面扁平，兩側邊沿有2行白色毛；各步足大小相約，呈暗褐色，有灰白色毛。

4 紡器呈黑褐色。

3

4

台灣蟻蛛 ♂
Myrmarachne formosana

學名	*Myrmarachne formosana* Matsumura, 1911
中文名稱	台灣蟻蛛（台）
英文名稱	Ant-Like Jumper
屬	蟻蛛屬 （Genus *Myrmarachne* MacLeay, 1839）
體長	約 8 毫米（連螯肢）
習性	外表模仿蟻子，常見於灌木叢或攀緣植物上，步行快速，但跳躍能力差，經常舉起第 I 步足。
分布	中國香港，台灣。
備註	香港新記錄種。此跳蛛的辨認是根據台灣碩士生黃俊男《台灣蟻蛛屬蜘蛛分類研究》的論文。

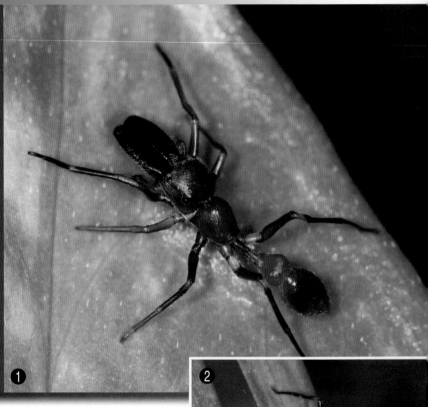

❶

❷

114

3

4

節呈褐色，膝節呈黃褐色而內側具褐色縱紋，脛節呈黃褐色而兩側具褐色縱紋；後跗節和跗節呈褐色；第 II 步足呈透明黃褐色，腿節內側具褐色縱紋；第 III 步足的後跗節和跗節呈黃褐色，其餘節呈暗褐色；第 IV 步足的基節、轉節、膝節和跗節呈黃褐色，其餘節呈暗褐色；紡器呈褐色，置於腹部末端腹面，不太明顯。

1 雄性台灣蟻蛛的頭胸甲呈褐色，眼有暗褐色包圍，背甲眼呈正方形，頭區與胸區連接處邊沿有白色三角形斑；腹部褐色呈梨形，前端隆起，隨後明顯收窄，收窄處及後 1/3 有白毛，中間呈暗褐色。

2 第 I 步足的基節和轉節呈黃褐色，背面有褐色縱紋，腿

3 前眼附近長有白毛；螯肢呈暗褐色，背面內側呈脊狀。

4 第 I 步足經常舉起；螯肢外沿呈微弧形。

台灣蟻蛛 ♀

Myrmarachne formosana

學名	*Myrmarachne formosana* Matsumura, 1911
中文名稱	台灣蟻蛛（台）
英文名稱	Ant-Like Jumper
屬	蟻蛛屬（Genus *Myrmarachne* MacLeay, 1839）
體長	約6毫米
習性	外表模仿蟻子，常見於灌木叢或攀緣植物上，步行快速，但跳躍能力差，經常舉起第I步足。
分布	中國香港，台灣。
備註	香港新記錄種。此跳蛛的辨認是根據台灣碩士生黃俊男《台灣蟻蛛屬蜘蛛分類研究》的論文。

❶

❷

116

1 雌性台灣蟻蛛的頭胸甲呈褐紅色，眼由暗褐色包圍，頭區與胸區連接處邊沿有白色三角形斑；腹部褐色呈橢圓形，前 1/3 有明顯收窄，收窄處側面有白毛。

2 前眼附近長有白毛；觸肢呈褐紅色且具白毛，末端寬而扁平；螯肢呈褐紅色；第 I 步足腿節內側遠端有 1 個褐色小斑點。

③
④

3 第 I 步足經常舉起；背甲眼呈正方形。

4 第 I 步足的基節、轉節和腿節呈黃褐色，膝節、後跗節和跗節呈褐色；第 II 步足呈透明黃褐色，腿節內側具褐色縱紋；第 III 步足的後跗節和跗節呈黃褐色，其餘節呈暗褐色；第 IV 步足的轉節、膝節和跗節呈黃褐色，其餘節呈暗褐色。

吉蟻蛛 ♂

Myrmarachne gisti

學名	*Myrmarachne gisti* Fox, 1937
中文名稱	吉蟻蛛（中）
英文名稱	Ant-Like Jumper
屬	蟻蛛屬 （Genus *Myrmarachne* MacLeay, 1839）
體長	約 8 毫米（連螯肢）
習性	外表模仿蟻子，常見於灌木叢或攀緣植物上，步行快速，但跳躍能力差，經常舉起第 I 步足。
分布	中國大陸（陝西、山東、河南、江蘇、安徽、浙江、湖南、福建、廣東、四川、雲南）、中國香港、日本、韓國、俄羅斯、保加利亞。
備註	香港新記錄種。雄性吉蟻蛛的外表跟雄性日本蟻蛛（*M. japonica*）以及黑色蟻蛛（*M. inermichelis*）近似，但日本蟻蛛和黑色蟻蛛的螯肢長度與頭胸甲長度相約，而雄性吉蟻蛛螯肢的長度只有頭胸甲的 ¾。另外，日本蟻蛛的腹部沒有明顯呈駝峰狀，而吉蟻蛛的腹部則有明顯收窄及呈駝峰狀；吉蟻蛛各節的步足顏色與日本蟻蛛有異。

1

❷

❸

❹

1 雄性吉蟻蛛的頭胸部明顯分為頭區和胸區,兩區之間近邊沿呈白色三角形;頭胸甲高隆,呈黑色,有稀疏白色短毛;腹部前端略為隆起,隨後收窄,腹背前 1/3 和後 1/3 有 1 條灰黑色橫帶,而中間呈黑色橫帶。

2 前眼附近有較多白色短毛包圍;螯肢呈黑褐色,並且有稀疏黑色和白色短毛,螯肢長度約等於頭胸甲長度的 3/4;觸肢暗紅褐色,呈「S」字形。

3 頭胸部長度跟腹部長度相約。

4 第 I 步足經常舉起;第 I 步足的腿節、膝節和脛節呈透明黃褐色,後跗節和跗節呈暗褐色;第 II 步足呈透明黃褐色;第 III 步足的跗節呈透明黃褐色,其餘節暗褐色;第 IV 步足的轉節和膝節呈透明黃褐色,其餘節呈暗褐色。

吉蟻蛛 ♀

Myrmarachne gisti

學名	*Myrmarachne gisti* Fox, 1937
中文名稱	吉蟻蛛（中）
英文名稱	Ant-Like Jumper
屬	蟻蛛屬（Genus *Myrmarachne* MacLeay, 1839）
體長	約 8 毫米（連螯肢）
習性	外表模仿蟻子，常見於灌木叢或攀緣植物上，步行快速，但跳躍能力差，經常舉起第 I 步足。
分布	中國大陸（陝西、山東、河南、江蘇、安徽、浙江、湖南、福建、廣東、四川、雲南）、中國香港。
備註	香港新記錄種。

1

1 雌性吉蟻蛛的頭胸甲呈暗褐色，背甲眼區呈正方形；腹部前窄後寬，呈暗褐色，腹背前和後各有1條淺色橫帶。

2 第I步足經常舉起；第I步足的腿節、膝節和脛節呈透明黃褐色，後跗節和跗節呈暗褐色；第II步足呈透明黃褐色；第III步足的跗節呈透明黃褐色，其餘節暗褐色；第IV步足的轉節和膝節呈透明黃褐色，其餘節呈暗褐色。

3 前眼附近有白毛包圍；頭區和胸區之間，近邊沿呈白色三角形；螯肢呈紅褐色。

4 雌性腹部長度較頭胸部略長，腹部前端隆起呈駝峰狀；腹柄長而明顯，兩節等長。

日本蟻蛛 ♂

Myrmarachne japonica

學名	*Myrmarachne japonica* Karsch, 1879
中文名稱	日本蟻蛛（台）
英文名稱	Ant-Like Jumper
屬	蟻蛛屬 （Genus *Myrmarachne* MacLeay, 1839）
體長	約 8~9 毫米（連螯肢）
習性	外表模仿蟻子，常見於灌木叢或攀緣植物上，步行快速，但跳躍能力差，經常舉起第 I 步足。
分布	中國大陸、中國香港、台灣、日本、韓國。
備註	香港新記錄種。日本蟻蛛可分為黑色形和赤色形。

①

2

4

1 雄性日本蟻蛛的頭胸甲和螯肢呈黑褐色；螯肢較頭胸部長，背面呈脊狀，螯肢前端收窄，前 1/4 處最闊。

2 步足的腿節呈黑褐色，其餘各節呈黃褐色。

3 雄性日本蟻蛛的腹部卵圓形，呈黑色具光澤，前 1/3 有輕微凹溝，披有 1 環白色短毛。

4 頭胸甲有稀疏白色短毛；頭區與胸區的溝界兩側底部有白色紋。

3

日本蟻蛛♀

Myrmarachne japonica

學名	*Myrmarachne japonica* Karsch, 1879
中文名稱	日本蟻蛛（台）
英文名稱	Ant-Like Jumper
屬	蟻蛛屬（Genus *Myrmarachne* MacLeay, 1839）
體長	約5~6毫米
習性	外表模仿蟻子，常見於灌木叢或攀緣植物上，步行快速，但跳躍能力差，經常舉起第I步足。
分布	中國大陸、中國香港、台灣、日本、韓國。
備註	香港新記錄種。日本蟻蛛可分為黑色形和赤色形。

1

1 雌性日本蟻蛛（黑色形）的頭胸甲呈黑褐色，有稀疏白色短毛；腹部呈卵圓形，黑色具光澤，前部分披有 1 環白色短毛。（圖中乃產卵前一天的雌性日本蟻蛛）

2 觸器呈黑褐色，形扁闊。（圖中乃產卵後一天的雌性日本蟻蛛）

3 頭區與胸區的溝界兩側底部有白色紋；腹柄並不明顯，這特徵跟雌性吉蟻蛛（*M. gisti*）有顯注分別。（圖中乃產卵前一天的雌性日本蟻蛛）

4 雌性日本蟻蛛的腹部較頭胸部大；紡器呈黑褐色。（圖中乃產卵後一天的雌性日本蟻蛛）

大蟻蛛 ♂

Myrmarachne magna

學名	*Myrmarachne magna* Saito, 1933
中文名稱	大蟻蛛（台）
英文名稱	Giant Ant-Like Jumper
屬	蟻蛛屬 （Genus *Myrmarachne* MacLeay, 1839）
體長	約 8 毫米
習性	外表模仿黑色蟻子，常見於灌木叢或攀緣植物上，步行快速，但跳躍能力差，經常舉起第I步足。
分布	中國香港、台灣。
備註	香港新記錄種。此跳蛛的辨認是根據台灣碩士生黃俊男《台灣蟻蛛屬蜘蛛分類研究》的論文，而與 *M. magna* 跟 *M. maxillosa* 的極相似，加上有報告指中國大陸和台灣有 *M. maxillosa* 記錄，所以不排除在香港生活的屬後者。

1

2

4

1 雄性大蟻蛛全身呈灰黑色，有灰白色短毛；頭胸部形似頭盔，明顯分成頭區和胸區；腹部呈圓形。

2 此跳蛛經常舉起第I步足，步足長度依次為 1-4-3-2。

3 觸肢巨大，末端膨大扁平，內側

有濃密黑色毛；螯肢巨大，基部有灰白色短毛；第I步足脛節腹面有7條白色剛毛，後對節腹面有2對白色剛毛。

4 步足一般呈黑褐色，轉節呈淡黃色；紡器不明顯。

繮脊跳蛛 ♂

Ocrisiona frenata

學名	*Ocrisiona frenata* Simon, 1901
中文名稱	繮脊跳蛛（港）
屬	脊跳蛛屬 （Genus *Ocrisiona* Simon, 1901）
體長	約 8~10 毫米
習性	生活於樹林底部，跳躍力強。
分布	中國香港。
備註	此跳蛛由西門(Simon)氏首先在香港發現，並於 1901 年發表。本跳蛛的鑑別主要由其觸器特徵與西門氏的繪圖相同，並且擁有跟脊跳蛛屬（Genus *Ocrisiona*）一致的身體外表特徵，故認為此乃繮脊跳蛛（*Ocrisiona frenata*）。宋大祥和胡嘉儀亦曾於 1997 年在《香港蜘蛛初報》一文中表列此種，但脊跳蛛屬的其他物種只在澳洲和附近島嶼發現，本種是唯一在澳洲界以外的發現；另外，普薛斯基教授認為西門氏可能錯誤把此跳蛛列入脊跳蛛屬。

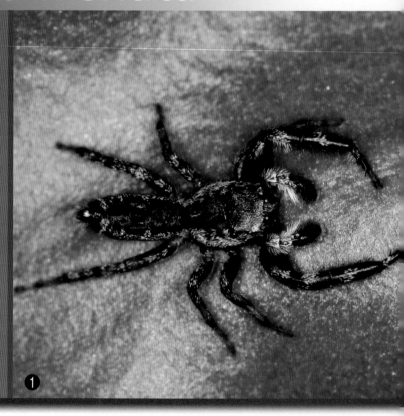

❶

2

3

❹

1 雄性繮脊跳蛛的頭胸部寬廣，呈卵圓形；頭胸甲呈黑褐色，中窩明顯，背甲兩側有淡黃褐色鱗毛，眼區並無鱗毛；腹部呈扁圓柱狀，末端收窄，腹背呈黑褐色，中央有1個明顯「八」字形肌痕，兩側有淡黃褐色鱗毛；紡器呈黑褐色，背面中間有1點白色毛。

2 前中眼巨大，有淺褐色毛包圍；觸肢呈暗褐色，脛節內側有1束白色毛，外側有1束黑色毛以及1支脛突；螯肢呈黑褐色，背面披1個「八」字形白色鱗毛。

3 頭胸部和腹部十分扁平。

4 各步足披有稀疏淡黃褐色鱗毛；第I步足呈黑褐色，發達粗狀，尤其是腿節異常膨大；第IV步足較第II及III步足長，善於跳躍。

繮脊跳蛛 ♀
Ocrisiona frenata

學名	*Ocrisiona frenata* Simon, 1901
中文名稱	繮脊跳蛛（港）
屬	脊跳蛛屬 （Genus *Ocrisiona* Simon, 1901）
體長	約 10~11 毫米
習性	生活於樹林底部，跳躍力強。
分布	中國香港。

1

2

❸

❹

1　各步足披有稀疏
　　淡黃褐色鱗毛；
第1步足呈黑褐色，發
達粗壯，尤其是腿節
異常膨大；善於跳
躍。

2　前中眼巨大，有
　　淺褐色毛包圍；
觸肢呈褐色，有淡黃
褐色長毛；螯肢呈黑
褐色。

3　雌性疆脊跳蛛的
　　頭胸部寬廣，呈
卵圓形；頭胸甲呈黑
褐色，中窩明顯凹
陷，背甲兩側及後側
披有淡黃褐色鱗毛，
眼區並無鱗毛；腹部
呈扁橢圓形，末端收
窄，腹背呈淺褐色，
肌痕明顯，中央由前
至後有1條褐色不規則
直帶，兩側有淡黃褐
色鱗毛；紡器呈黑褐
色，背面中間有1點白
色毛。

4　頭胸部十分扁平，
　　腹部肥大。

粗腳盤蛛 ♂

Pancorius crassipes

學名	*Pancorius crassipes* Karsch, 1881
中文名稱	粗腳盤蛛（港） （註：crass 意思是粗，而 pes 意思是腳掌，故建議此跳蛛的中文名稱為粗腳盤蛛）
屬	盤蛛屬 （Genus *Pancorius* Simon, 1902）
體長	約 11~13 毫米
習性	生活在樹林底部；體型巨大的跳蛛，面對敵人時不退避。
分布	中國大陸、中國香港、台灣、越南、韓國、日本。
備註	香港新記錄種。*P. crassipes*（粗腳盤蛛）與 *Evarcha crassipes*（粗腳獵蛛）是同種異名，現須採用前者名字。

❶

132

1 雄性粗腳盤蛛頭胸甲呈褐色，背甲中央有一條白色帶；腹部長錐形呈褐色，腹背中央有一條白色帶。

2 步足呈黑褐色，長有稀疏白色長毛和黑色剛毛；第I步足較發達粗壯。

3 頭胸甲兩側有闊白帶，邊沿有窄白帶；後側眼大，直徑與側眼相約，置於頭胸部 1/2 處。

4 觸肢褐色，長有白色長毛；螯肢黑褐色，螯牙紅褐色。

粗腳盤蛛 ♀

Pancorius crassipes

學名	*Pancorius crassipes* Karsch, 1881
中文名稱	粗腳盤蛛（港） （註：crass 意思是粗，而 pes 意思是腳掌，故建議此跳蛛的中文名稱為粗腳盤蛛）
屬	盤蛛屬 （Genus *Pancorius* Simon, 1902）
體長	可達 18 毫米
習性	生活在樹林底部；體型巨大的跳蛛，面對敵人時不退避。
分布	中國大陸、中國香港、台灣、越南、韓國、日本。
備註	香港新記錄種。*P. crassipes*（粗腳盤蛛）與 *Evarcha crassipes*（粗腳獵蛛）是同種異名，現須採用前者名字。

❶

❷

1 觸肢褐色，長有稀疏白色鱗毛和濃密白色長毛；螯肢呈褐色，背長有白色長毛；頭胸甲背面長有稀疏白色長毛和黑色剛毛。

2 雌性粗腳盤蛛頭胸甲紅褐色，中央有一條白色直帶；腹部背面呈紅褐色，中央有一條白色直帶，直帶後半段呈箭形紋。

3 後側眼大，直徑與側眼相約，置於頭胸部 1/2 處；前腹部肥大，佔身體 2/3；紡器黑褐色。

4 各步足大小相約，呈褐色，長有稀疏白色鱗毛和白色長毛；腿節背面長有黑色剛毛。

馬來弗蛛♀

Phaeacius malayensis

學名	*Phaeacius malayensis* Wanless, 1981
中文名稱	馬來弗蛛（港） （註：malayensis 的意思是馬來西亞發現，故建議此跳蛛的中文名稱為馬來弗蛛）
英文名稱	Malayan Phaeacius
屬	弗蛛屬（港） （Genus *Phaeacius* Simon, 1900） （註：Phaeacius 取其音為「弗」，故建議此屬的中文名稱為弗蛛屬）
體長	約 9 毫米
習性	生活在樹林底部，以守株待兔方式覓食，專門捕食跳蛛和其他蜘蛛。
分布	中國大陸（雲南）、中國香港、新加坡、馬來西亞。
備註	香港新記錄種。

❶

❷

③

4

1　後中眼明顯，微向前；觸肢呈黃褐色，有淡黃褐色長毛；螯肢細長呈褐色，螯基有黃褐色短毛。

2　雌性馬來弗蛛的頭胸甲呈淡黃褐色，胸區的中窩十分明顯，形成1條黑色直線，背甲兩側呈褐色；腹部呈灰褐色，兩側的顏色較深，腹背後部分有數個「人」字形褐色紋。

3　此跳蛛不常走動和跳躍，經常靜止並伏在表面上。

4　頭胸部頗高隆，前側眼、後中眼和後側眼有1條暗褐色帶串連；步足很長、纖幼，呈暗褐色，有黃褐色毛。

花腹金蟬蛛 ♂

Phintella bifurcilinea

學名	*Phintella bifurcilinea* Boesenbery, Strand, 1906
中文名稱	花腹金蟬蛛（中），雙叉菲蛛（港），二叉黑條蠅虎（台）
屬	金蟬蛛屬（Genus *Phintella* Bosenberg, Strand, 1906）
體長	約 4 毫米
習性	生活於樹林底部
分布	中國大陸（浙江、湖南、廣東、福建、四川、雲南）、中國香港、台灣、韓國、日本、越南。

❶

1 雄性花腹金蟬蛛的頭胸甲呈黑色，背甲有7個白斑，像六星伴月；腹部細小，呈黃褐色，腹背前端和中間位置有1個白色圓斑，腹背前端兩側有1條白纖帶並伸延至1/3處，腹背有1個倒置的「二齒叉」形黑色斑。

2 觸肢頗長，呈黑色，而中間白色；整肢呈暗紅褐色，向兩側伸展；第I步足腿肢內側有金屬藍色直紋。

3 雄性花腹金蟬蛛的頭胸部高隆；第I、II和III步足的腿節、膝節和脛節呈黑色，以及第IV步足的膝節和脛節，具白色環紋，其餘的節呈淡黃色。

4 第IV步足最長，善於跳躍，其餘的步足大小相約。

花腹金蟬蛛 ♀
Phintella bifurcilinea

學名	*Phintella bifurcilinea* Boesenbery, Strand, 1906
中文名稱	花腹金蟬蛛（中），雙叉菲蛛（港），二叉黑條蠅虎（台）
屬	金蟬蛛屬 （Genus *Phintella* Bosenberg, Strand, 1906）
體長	約4~5毫米
習性	生活於樹林底部
分布	中國大陸（浙江、湖南、廣東、福建、四川、雲南）、中國香港、台灣、韓國、日本、越南。

1

2

3

1　雌性花腹金蟬蛛的外表跟雄性分別很大，頭胸甲呈黑色，背甲後側有1條白色直斑；腹部較頭胸部大，呈鏟子形，腹背呈金屬暗藍綠色，中間有1個暗「二齒叉」形的黑紋，腹兩側有白斑。

2　觸肢細小，呈淡黃色；螯肢暗紅褐色。

3　步足呈淡黃褐色，第 IV 步足最長。

4　頭胸甲兩側邊沿有1條白帶；頭胸部與腹部之間連接緊密。

4

條紋金蟬蛛 ♀

Phintella vittata

學名	*Phintella vittata* C. L. Koch, 1848
中文名稱	條紋金蟬蛛（中）
英文名稱	Banded Phintella
屬	金蟬蛛屬（Genus *Phintella* Bosenberg, Strand, 1906）
體長	約 5 毫米
習性	生活在灌木叢。
分布	中國大陸（雲南）、中國香港、越南、新加坡、菲律賓、印度。
備註	香港新記錄種。

❶

❷

❸

1 雌性條紋金蟬蛛頭胸甲和腹部有銀灰色鱗毛，背甲有3條黑色橫帶，腹背有3條黑色橫帶以及在末端有1個黑色圓點。

2 觸肢黃色；螯肢黑色。

3 頭胸部高隆；腹部肥大呈卵形，腹前端突然收窄。

4 步足呈透明黃褐色，大小相約，腿節背面有稀疏黑色剛毛。

❹

擬蠅虎屬 1 （性別不詳）

Plexippoides sp. 1

學名	*Plexippoides* sp. 1
中文名稱	擬蠅虎屬 1
屬	擬蠅虎屬 （Genus *Plexippoides* Proszynski, [1976] 1984）
體長	約 6 毫米
習性	生活在樹林底部。
分布	中國香港。
備註	香港新記錄種。此跳蛛擁有擬蠅虎屬的特徵。

①

1 頭胸部高隆，呈卵形；前側眼位置明顯較前中眼後，並且微微向外，形成2+2+2+2眼列，後中眼置於前側眼與後側眼中間。

2 前中眼巨大，前眼底部有白色毛；觸肢幼細呈暗褐色，披牙白色毛；螯肢呈黑褐色，螯基背面有牙白色毛。

3 頭胸甲呈褐色，背甲中央由前至後有1條牙白色直帶，兩側邊沿各有1條寬闊牙白色橫帶；腹部較頭胸小，呈圓柱形而末端收窄，腹背呈暗褐色，中央由前端至前2/3有1條牙白色直帶，腹背後1/3有1對白色斑，腹背末端有1條白色環帶。

4 步足呈暗褐色，各節有牙白色環帶；步足長度由長至短為4-3-1-2。

黑色蠅虎 ♂

Plexippus paykulli

學名	*Plexippus paykulli* Savigny, Auduoin, 1827
中文名稱	黑色蠅虎(中)，褐條斑蠅虎(台)
英文名稱	Large Housefly Catcher
屬	蠅虎屬 (Genus *Plexippus* C.L. Koch, 1846)
體長	約9毫米
習性	生活在鄉郊屋中和灌木叢；跳躍力強。
分布	中國大陸(山東、江蘇、安徽、浙江、湖北、江西、湖南、福建、廣東、廣西、四川、貴州、雲南)、中國香港、台灣、日本、新加坡以及世界各溫暖地區。
備註	雄性溝渠蠅虎（*P. petersi*）跟雄性黑色蠅虎（*P. paykulli*）的外表相似，但前者體型較小，惟這本書只有前者在香港的觀察記錄，並無相片記錄。

1

❷

1 觸肢呈黃褐色，末端膨大，有牙白色短毛；螯肢呈暗褐色。

2 頭胸部高隆，身體各處有稀疏黑色長毛。

3 各步足大小相約，呈褐色，有黃褐色毛；腿節上有粗剛毛。

4 雄性黑色蠅虎的頭胸甲呈褐色，背甲中央由前端至後端有1條牙白色直紋，在前側眼與後中眼之間有1對白色直紋，兩側邊沿有1條牙白色帶；腹部大小跟頭胸部相約，腹背呈暗褐色，前端有1弧形牙白色帶並向兩側伸延至末端，腹背中央由前端至後端有1條白色直帶，在腹背 2/3 處有1對白色小斑點。

黑色蠅虎 ♀

Plexippus paykulli

學名	*Plexippus paykulli* Savigny, Auduoin, 1827
中文名稱	黑色蠅虎(中)，褐條斑蠅虎(台)
英文名稱	Large Housefly Catcher
屬	蠅虎屬 (Genus *Plexippus* C.L. Koch, 1846)
體長	約9~10毫米
習性	生活在鄉郊屋中和灌木叢；跳躍力強。
分布	中國大陸（山東、江蘇、安徽、浙江、湖北、江西、湖南、福建、廣東、廣西、四川、貴州、雲南）、中國香港、台灣、日本、新加坡以及世界各溫暖地區。
備註	雌性黑色蠅虎的外表跟雌性波氏緬蛛（*Burmattus pococki*）很相似，須小心比較才能分辨。

1

1 觸肢呈黃褐色，有淡黃毛；螯肢呈黃褐色。

2 雌性黑色蠅虎的頭胸甲呈暗褐色，背甲中央有灰白色直帶；腹部較頭胸部大，呈卵圓形，腹背褐色，中央有1個灰白色「十」字形紋，後端有2對白斑點及3~4個褐色「人」字形紋。

3 頭胸部高隆，身體各處有稀疏淡黃色長毛。

4 各步足大小相約，呈淺褐色，具不規則暗褐色斑，有黃褐色毛；腿節上有粗剛毛。

條紋蠅虎 ♂

Plexippus setipes

學名	*Plexippus setipes* Karsch, 1879
中文名稱	條紋蠅虎（中）
屬	蠅虎屬（Genus *Plexippus* C.L. Koch, 1846）
體長	可達 6 毫米
習性	生活在鄉郊屋中，灌木叢。
分布	中國大陸（新疆、山東、江蘇、安徽、浙江、湖北、江西、湖南、福建、廣東、四川）、中國香港、台灣、日本、越南、遠東地區及中非洲。

1

1 雄性條紋蠅虎的頭胸甲呈褐色，背甲前沿呈橙色，中間有「T」字形灰褐色斑，兩側有1條灰褐色帶；腹背呈褐色，中間由前端至末端有1條灰褐色直帶。

2 觸肢呈黃褐色，末端背面有濃密淡黃長毛；螯肢呈褐色，背面有濃密白色長毛。

3 雄性條紋蠅虎的頭胸部高隆，腹部細小呈錐形。

4 各步足大小相約，呈黃褐色，有灰褐色和暗褐色斑紋，腿節背面長有黑褐色剛毛。

纓孔蛛 ♂

Portia fimbriata

學名	*Portia fimbriata* Doleschall, 1859
中文名稱	纓孔蛛
屬	孔蛛屬 （Genus *Portia* Karsch, 1878）
體長	約8毫米
習性	生活在樹林底部，視力極 佳，動作輕巧，跳躍力 強，經常用擬態的方式走 動（例如作前後或左右輕 輕搖動），以跳蛛和蜘蛛 為食。
分布	中國香港、台灣、印度、 斯里蘭卡、尼泊爾、新加 坡、新畿內亞、澳洲。

1

2

3

4

1 纓孔蛛經常擺出這個形態，第I及II步足向前並合上，而第IV步足很長並向後呈屈曲，隨時跳躍。

2 前中眼巨大，後中眼明顯；頭胸部背面兩側特別高隆，有1對黑褐色直帶紋貫穿前中眼；觸肢經常向兩側展開，呈暗褐色，有濃密黃褐色毛，末端膨大；螯肢呈暗褐色，有稀疏黃褐色短毛。

3 頭胸部高隆，腹部呈圓錐形；步足長而纖幼，呈黑褐色，多剛毛。

4 頭胸甲的中窩明顯，形成1條黑色線，背甲後側有1條白色直帶，兩側邊沿有1條白色橫帶；腹背有灰褐色短毛，腹背後1/3兩側有1對黃褐色小毛束。

唇鬚孔蛛 ♀
Portia labiata

學名	*Portia labiata* Thorell 1882
中文名稱	唇鬚孔蛛（港） （註：labiata 的意思是唇，而其英文名稱中的 moustached 的意思是八字鬚，故建議此蛛的中文名稱為唇鬚孔蛛）
英文名稱	White-Moustached Portia
屬	孔蛛屬（Genus *Portia* Karsch, 1878）
體長	約 6 毫米
習性	生活在樹林底部，視力極佳，以跳蛛和蜘蛛為食。
分布	中國香港、斯里蘭卡、緬甸、印尼、新加坡、菲律賓。
備註	香港新記錄種，中國新記錄種。

①

154

❷

1　唇鬚孔蛛的前中眼巨大，後中眼明顯並向前方，前眼底部有淡黃褐色短毛；觸肢長，呈灰白色，有白色長毛，一對觸肢經常呈八字形張開；螯肢呈暗褐色，螯基有白色短毛。

2　唇鬚孔蛛經常擺出這個形態，第Ⅰ、Ⅱ及Ⅲ步足向前並合上，而第Ⅳ步足很長，並向後呈屈曲，隨時跳躍。

❹

3　步足纖幼，有灰褐色和暗褐色短毛，多剛毛。

4　頭胸甲和腹部有灰褐色和暗褐色短毛。

❸

菲島擬伊蛛 ♂

Pseudicius philippinensis

學名	*Pseudicius philippinensis* Proszynski, 1992
中文名稱	菲島擬伊蛛（港） （註：由於此跳蛛以菲律賓命名，故建議其中文名稱為菲島擬伊蛛）
屬	擬伊蛛屬 （Genus *Pseudicius* Simon, 1902）
體長	約7毫米
習性	生活在樹林底部。
分布	中國香港、菲律賓。
備註	香港新記錄種，中國新記錄種。

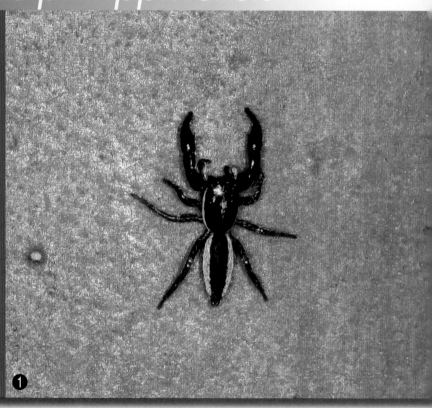

❶

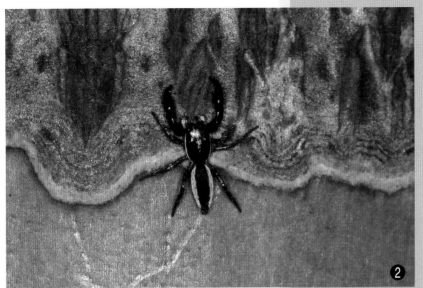

1 雄性菲島擬伊蛛
　的頭胸部呈長方
形，頭胸甲黑褐色，
背甲中央有直條狀灰
白斑；腹部較頭胸部
長，呈欖核形，黑褐
色，腹背兩側有2條灰
白色毛直帶；紡器呈
黑褐色。

2 第Ⅰ步足發達粗
　壯，呈黑褐色，
脛節內側有1條巨刺；
其餘步足呈暗褐色。

3 前中眼兩側有2條
　細白色纖帶，並
向後延伸；觸肢褐
色，有白色短毛，觸
肢器膨大呈黑褐色；
螯肢呈黑褐色。

❷

❸

擬伊蛛屬 1 ♂

Pseudicius sp. 1

學名	*Pseudicius* sp. 1
中文名稱	擬伊蛛屬 1
屬	擬伊蛛屬 （Genus *Pseudicius* Simon, 1902）
體長	約 4 毫米
習性	生活於樹林底部。
分布	中國香港、台灣。
備註	香港新記錄種，須考證是否中國新記錄種。此跳蛛的外表形態擁有擬伊蛛屬的特徵，包括：頭胸部形態，觸器形態和步足斑紋及剛毛特徵。

①

1 雄性的頭胸部呈長方形，背甲黑色，前沿中央有1個白色圓斑，背兩側由前至後端有1條白色直紋；腹部長形，腹背呈灰褐色，由前至後端有4條白色直紋。

2 前中眼大；觸肢呈黑色，並且有1個白色圓斑，末端膨大，脛節發達呈三角形；螯肢呈黑褐色。

3 頭胸甲扁平，兩側眼區之後邊沿，有1條白色織帶，有些個體背甲眼區之後長有灰褐色毛；腹部扁平。

4 第I步足發達，後跗節和跗節呈淡黃褐色，其餘節呈黑色，膝節前端有1個白斑；其餘的步足呈淡黃褐色，內側有黑色縱紋；各步足的腿節背面，長有3條黑色剛毛。

擬伊蛛屬 2 ♂

Pseudicius sp. 2

學名	*Pseudicius* sp. 2
中文名稱	擬伊蛛屬 2
屬	擬伊蛛屬 （Genus *Pseudicius* Simon, 1902）
體長	約 7 毫米
習性	生活於樹林底部。
分布	中國香港。
備註	香港新記錄種。此跳蛛 需要跟分布在太平洋島 嶼的 *Pseudicius kraussi* 及 *Pseudicius punctatus* 作詳細比較。

❶

1 雄性的頭胸甲呈黑褐色，兩側近邊沿有1條白色帶。

2 腹部呈卵形，暗褐色，有灰白色短毛，腹背中央由前至1/2有1條暗褐色帶，腹背後1/2有3個「人」字形暗褐色斑，末端有1個三角形或菱形暗褐色斑；紡器呈黑褐色，附近有白色毛包圍。

3 前眼底部有1條由濃密白色毛形成的帶，並向兩側延伸；觸肢呈暗褐色，有白色長毛；螯肢呈黑褐色；第I步足發達粗壯，呈黑褐色，有稀疏黑色和透明長毛，後對節內側有1條較明顯的刺。

4 頭胸部扁平，前側眼至後側眼之間，有12條短小的白色毛，這是一個重要特徵；步足的長度由長至短依次是1-4-3-2，第II、III和IV步足呈暗褐色和黃褐色相間，有稀疏白色長毛。

擬伊蛛屬 2 ♀

Pseudicius sp. 2

學名	*Pseudicius* sp. 2
中文名稱	擬伊蛛屬 2
屬	擬伊蛛屬 （Genus *Pseudicius* Simon, 1902）
體長	約 8~9 毫米
習性	生活於樹林底部。
分布	中國香港。
備註	香港新記錄種。此跳蛛需要跟分布在太平洋島嶼的 *Pseudicius kraussi* 及 *Pseudicius punctatus* 作詳細比較。

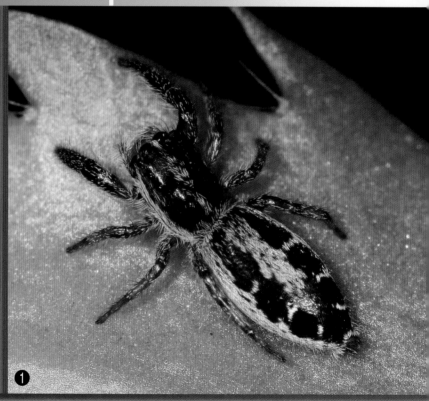

❶

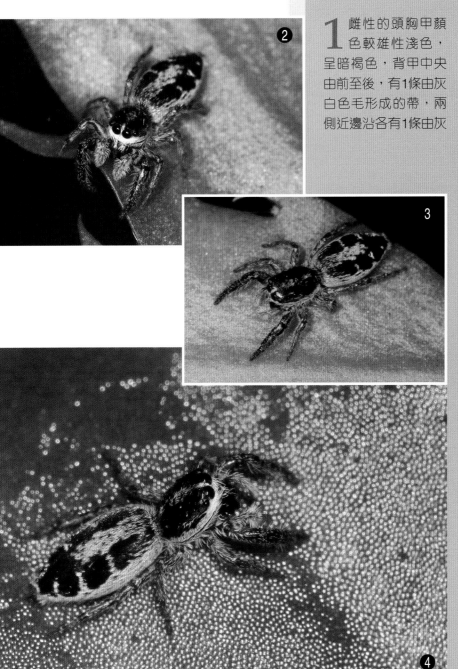

1　雌性的頭胸甲顏色較雄性淺色，呈暗褐色，背甲中央由前至後，有1條由灰白色毛形成的帶，兩側近邊沿各有1條由灰白色毛形成的帶；腹部呈長橢圓形，前端平而後端尖，有灰白色毛，腹背有3對暗褐色的方塊形斑，褐斑之間有 3 對白色小斑點，末端有1個暗褐色菱形斑；紡器呈暗褐色，有灰白色毛包圍。

2　前眼底部有1條由濃密白色毛形成的帶，並向兩側延伸；觸肢呈黃褐色，有灰白色長毛；螯肢呈黑褐色；第I步足頗發達粗壯，呈暗褐色，有稀疏白色長毛，後跗節內側有2條較明顯的刺。

3　頭胸部扁平，前側眼至後側眼之間，有短小的淺黃褐色毛，這是一個重要特徵。

4　步足的長度由長至短依次是4-1-3-2，第II、III和IV步足呈暗褐色和黃褐色相間，有稀疏白色毛。

擬伊蛛屬 3 ♂

Pseudicius sp. 3

學名	*Pseudicius* sp. 3
中文名稱	擬伊蛛屬 3
屬	擬伊蛛屬 （Genus *Pseudicius* Simon, 1902）
體長	約 5 毫米
習性	生活於樹林底部。
分布	中國香港。
備註	香港新記錄種。雄蛛與雌蛛在同一地點發現。

❶

❷

1 頭胸甲背部平坦，兩側近邊沿有2條白色橫織帶；前側眼與後側眼之間，有1行短小黑色剛毛。

2 第I步足呈暗褐色，其餘步足呈淡黃褐色。

3 雄性的頭胸甲呈暗褐色，背甲中央由前至後，有1條由灰白色毛形成的直帶；腹部較頭胸部大，卵形呈褐紅色，前端有1條由灰白色毛形成的弧形帶，腹背有3對由灰白色毛形成「八」字形斑。

4 前眼底部有白色毛形成橫帶，並向兩側延伸；觸肢呈淡黃色，末端膨大，有稀疏白色毛；螯肢呈暗褐色；步足的基節和轉節呈透明淡黃色。

擬伊蛛屬 3 ♀

Pseudicius sp. 3

學名	*Pseudicius* sp. 3
中文名稱	擬伊蛛屬 3
屬	擬伊蛛屬 （Genus *Pseudicius* Simon, 1902）
體長	約 6 毫米
習性	生活於樹林底部。
分布	中國香港。
備註	香港新記錄種。雄蛛與雌 蛛在同一地點發現。

1

1　雌性的頭胸甲呈褐色，披濃密灰白色毛；腹部卵形呈褐紅色，披濃密灰白色毛，腹背後端有1對黑斑及1個黑色倒三角形斑，並有1對白色小斑點，腹背前端有1對不明顯褐色斑，中央有1條不明顯褐色直帶。

2　前眼底部有白色毛形成橫帶，並向兩側延伸；觸肢呈淡黃色，披濃密白色長毛；螯肢呈紅褐色；步足的基節和轉節呈透明淡黃色。

3　頭胸甲背部平坦，兩側近邊沿，有2條白色橫織帶；前側眼與後側眼之間，有1行短小黑色剛毛。

4　第I步足呈紅褐色，其餘步足呈黃褐色，有白色長毛。

擬伊蛛屬 4 （性別不詳）

Pseudicius sp. 4

學名	*Pseudicius* sp. 4
中文名稱	擬伊蛛屬 4
屬	擬伊蛛屬 （Genus *Pseudicius* Simon, 1902）
體長	約 4 毫米
習性	生活在樹林底部。
分布	中國香港。
備註	香港新記錄種。

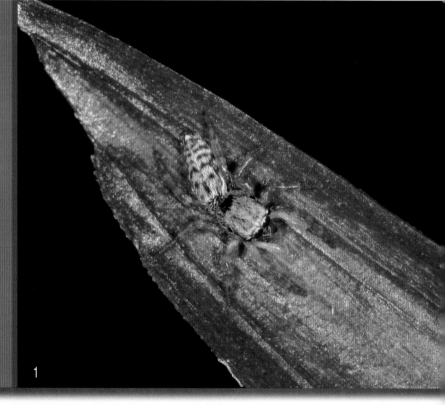

1

1 觸肢呈淡黃色；
螯肢呈橙褐色。

2 此跳蛛的頭胸甲
背呈黑褐色，披
濃密灰白色毛，兩側
呈黃褐色，近邊沿有1
條白色纖帶；腹背呈
黃褐色，披濃密白色
短毛；各步足的腿節
上有3條粗大黑色剛
毛。

3 腹背約有4個「八」
字形黃褐色紋，
末端有1個暗褐色菱形
斑；紡器呈黑褐色。

4 步足呈黃褐色。

毛垛兜跳蛛 ♂

Ptocasius strupifer

學名	*Ptocasius strupifer* Simon, 1901
中文名稱	毛垛兜跳蛛（中、台）/毛垛雙袋蛛（港）
屬	兜跳蛛屬（Genus *Ptocasius* Simon, 1885）
體長	約 6~7毫米
習性	生活在樹林底部。
分布	中國大陸（福建、廣西、湖南、雲南、浙江）、中國香港、台灣、越南。
備註	另一類型雄性毛垛兜跳蛛，或屬若蛛和亞成蛛，其腹部花紋跟雌性個體相似。

①

1 雄性毛垛兜跳蛛頭胸甲呈黑褐色，第一眼列與螯肢之間長有白毛，觸肢末端明顯膨大。

2 背甲中窩附近有白毛，腹部背面正中長有一條反光白色帶，第I至IV步足腿節有白毛。

3 頭胸部特別高隆，背甲兩側沿有白毛，紡器呈黑褐色。

4 另一類型雄性毛垛兜跳蛛，或屬若蛛和亞成蛛，觸肢末端明顯膨大，其腹部花紋跟雌性個體相似。腹背有4條橫帶，由前端起第一及三條呈白色，第二及四條呈黃褐色，近紡器有一白色圓點。

毛垛兜跳蛛 ♀

Ptocasius strupifer

學名	*Ptocasius strupifer* Simon, 1901
中文名稱	毛垛兜跳蛛（中、台）/毛垛雙袋蛛（港）
屬	兜跳蛛屬（Genus *Ptocasius* Simon, 1885）
體長	約7~8毫米
習性	生活在樹林底部。
分布	中國大陸（福建、廣西、湖南、雲南、浙江）、中國香港、台灣、越南。

❶

1 背甲長黑色稀疏
長毛。

2 雌性毛垛兜跳蛛
背甲第三眼列之
間有白色橫帶，腹部
呈卵形，四對步足大
小相約。

3 觸肢呈紅褐色，
披白毛；螯肢呈
紅褐色。

4 幼蛛螯肢及步足
腿節以下呈黃褐
色。

黃毛寬胸蠅虎 ♂
Rhene flavicomans

學名	*Rhene flavicomans* Simon, 1902
中文名稱	黃毛寬胸蠅虎（港） （註：flavi 意思是黃色，而comans 意思是披着毛，故建議此蛛的中文名稱為黃毛寬胸蠅虎）
屬	寬胸蠅虎屬 （Genus *Rhene* Thorell, 1869）
體長	約 7 毫米
習性	生活在草叢和灌木叢；不善跳躍，遇敵時會揮動第I步足對抗。
分布	中國香港、印度、不丹、尼泊爾、斯里蘭卡。
備註	香港新記錄種，中國新記錄種。有別的文獻把此蛛鑒定為 *Rhene danielli*，但 *R. flavicomans* 可能與 *R. danielli* 互通。雄性黃毛寬胸蠅虎的外表模仿鈴腹胡蜂（*Ropalidia* sp.）。

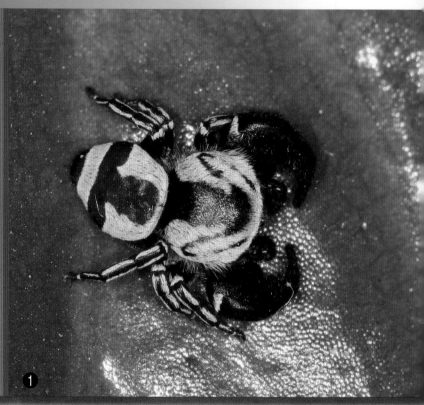

①

174

1 全身呈褐色，有黃色短毛；背甲中央呈褐色處沒毛，有兩個「八」字褐色花紋，其中一條花紋貫穿後中眼和前中眼；腹背無毛處形成「T」字褐色花紋。

2 頭胸和腹部緊接，背甲和腹平扁平；背甲兩側長有稀疏白毛。

3 第I步足特別粗壯呈黑褐色，脛節、膝節和腿節腹面，長有濃密黑褐色長毛，腿節背面長白色長毛；第II、III及IV步足黑褐色，後附節、脛節、膝節和腿節有兩條由短毛形成的顏色縱紋。

4 觸肢褐色；螯肢呈紅褐色，基部寬闊；螯牙紅色且長。

黃寬胸蠅虎 ♂

Rhene flavigera

學名	*Rhene flavigera* C.L. Koch, 1848
中文名稱	黃寬胸蠅虎（中）
屬	寬胸蠅虎屬（Genus *Rhene* Thorell, 1869）
體長	約 7 毫米
習性	生活在草叢和灌木叢；不善跳躍。
分布	中國大陸（湖南、福建、廣西）、中國香港、越南、馬來西亞、蘇門答臘、新加坡。
備註	香港新記錄種。Flavi-gera 的意思是黃色，此跳蛛的命名應與其雌性的外表有關。

❶

❷

❸

❹

1 雄性黃寬胸蠅虎的頭胸部寬闊而呈梯形，頭胸甲呈黑褐色，額頭及背甲兩側有黃褐色短毛；腹部呈圓形而末端較尖，腹背呈黑褐色，前端1/2兩側披黃褐色短毛，形成中間有1個倒置的「T」字花紋，後端1/3有1條黃褐色橫帶。

2 黃寬胸蠅虎經常以第II及III步足支撐身體，方便視察四周環境。

3 觸肢呈黑褐色，有黑褐色毛；螯肢寬大，呈黑褐色；第I步足粗大，膝節和脛節腹面，長有疏狀濃密黑褐色毛。

4 步足呈黑褐色，第I步足特別發達粗壯，經常合攏；第II、III及IV步足有黃褐色毛，形成環狀。

黃寬胸蠅虎 ♀
Rhene flavigera

學名	*Rhene flavigera* C.L. Koch, 1848
中文名稱	黃寬胸蠅虎（中）
屬	寬胸蠅虎屬（Genus *Rhene* Thorell, 1869）
體長	約 6~7 毫米
習性	生活在草叢和灌木叢；不善跳躍。
分布	中國大陸（湖南、福建、廣西）、中國香港、越南、馬來西亞、蘇門答臘、新加坡。
備註	香港新記錄種。Flavi-gera 的意思是黃色，此跳蛛的命名應與其雌性的外表有關。

①

178

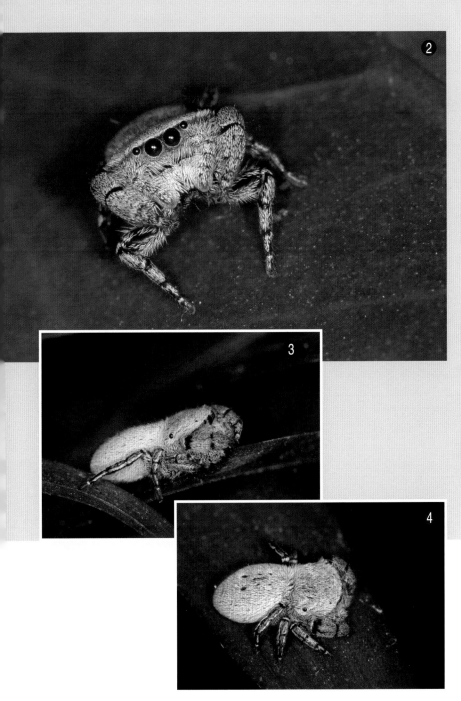

1 雌性黃寬胸蠅虎的頭胸部寬廣呈梯形，背甲呈暗褐色，披滿淡黃褐色短毛；腹部披滿淡黃褐色短毛，腹背有4條淡黃色波浪暗紋，並有明顯褐色肌痕3對。

2 前眼底部有淡黃色毛；觸肢幼細，呈褐色，有淡黃色毛；螯肢呈暗褐色，背面布滿淡黃色短毛。

3 此跳蛛的頭胸部和腹部很厚，頭胸和腹背扁平。

4 第I步足發達粗壯，呈黑褐色；其餘步足呈暗褐色；各步足有淡黃褐色短毛。

179

銹寬胸蠅虎 ♂

Rhene rubrigera

學名	*Rhene rubrigera* Thorell, 1887
中文名稱	銹寬胸蠅虎（中）
屬	寬胸蠅虎屬（Genus *Rhene* Thorell, 1869）
體長	約 6 毫米
習性	生活在草叢和灌木叢；不善跳躍。
分布	中國大陸（湖北、湖南、廣東、雲南）、中國香港、印尼、越南。
備註	香港新記錄種。

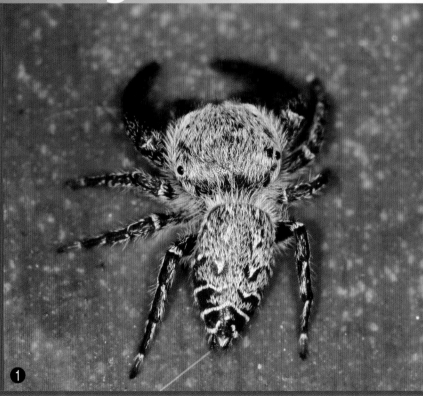

❶

1　雄性銹寬胸蠅虎的頭胸部寬廣呈梯形，背甲暗褐色及披滿灰白色毛；腹部呈瓜子形，腹背褐色，有灰白色短毛，肌痕3對並有白色短毛，腹背約有3條由白色短毛形成的波浪橫紋。

2　觸肢呈暗褐色，末端膨大；螯肢呈暗褐色。

3　頭胸甲兩側及後側暗褐色，披有灰白色長毛，邊沿有1條白色纖帶。

4　步足呈暗褐色及有灰白色毛；第1步足發達粗壯，腹面有濃密黑色長毛。

銹寬胸蠅虎 ♀

Rhene rubrigera

學名	*Rhene rubrigera* Thorell, 1887
中文名稱	銹寬胸蠅虎
屬	寬胸蠅虎屬（Genus *Rhene* Thorell, 1869）
體長	約 6~7 毫米
習性	生活在草叢和灌木叢；不善跳躍。
分布	中國大陸（湖北、湖南、廣東、雲南）、中國香港、印尼、越南。
備註	香港新記錄種。

❶

❷

1 雌性銹寬胸蠅虎的頭胸甲呈黑褐色，披滿黃褐色毛；腹部呈黑褐色，披滿黃褐色毛，腹背中央有3對黑褐色肌痕，並有4條波浪形黃褐色橫紋，腹部末端呈黑褐色。

2 雌性銹寬胸蠅虎的幼蛛。

3 前眼底部有1行黃褐色毛；觸肢呈褐色，有黃褐色毛；螯肢呈暗褐色，背面有濃密黃褐色毛。

4 頭胸甲的兩側呈黑褐色，邊沿有1條黃褐色纖帶；步足呈黑褐色及有環狀黃褐色毛，第I步足發達粗壯。

❹

藍翠蛛 ♀

Siler cupreus

學名	*Siler cupreus* Simon, 1889
中文名稱	藍翠蛛
屬	翠蛛屬 (Genus *Siler* Simon, 1889)
體長	約7~8毫米
習性	生活在灌木叢，攀緣植物，竹林；經常舉起第I步足。
分布	中國大陸（陝西、山東、江蘇、浙江、湖北、湖南、福建、貴州）、中國香港、台灣、日本、韓國。
備註	香港新記錄種。

❶

❷

1 雌性藍翠蛛的頭
胸甲披金屬藍綠
色鱗毛，兩側邊沿有
金屬淺藍色及黑色細
帶，背甲兩側及後端
的邊沿微微向上翹
起；腹部卵圓形，腹
背前1/3部分呈金屬灰
藍色，以及有1條灰白
色細橫帶，中央位置
有1條黑褐色粗橫帶，
腹後端1/3為灰白色粗
橫帶。

2 觸肢黑褐色，前
端有灰白色毛；
螯肢呈黑褐色。

3 各步足大小相約，
呈黑褐色，各節
的背和腹面有白色直
紋，看來像骷髏骨。

4 第I步足經常雙雙
舉起，腿部前端
腹面有一束黑色毛。

玉翠蛛 ♂
Siler semiglaucus

學名	*Siler semiglaucus* Simon, 1901
中文名稱	玉翠蛛
屬	翠蛛屬 (Genus *Siler* Simon, 1889)
體長	約 5 毫米
習性	步行速度快，常常舉起第 I 步足；經常出現在竹樹林；捕食蟻子。
分布	中國大陸、中國香港、馬來西亞、斯里蘭卡。
備註	香港新記錄種。

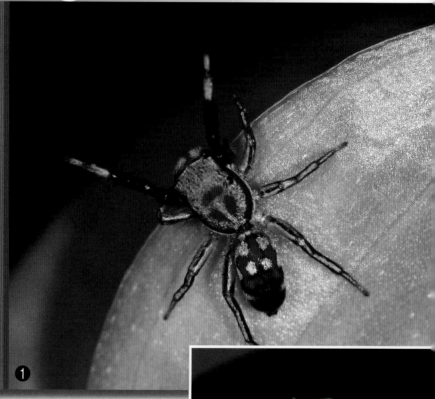

❶

❷

1 雄性玉翠蛛顏色艷麗，頭胸甲呈金屬翠藍色，後側眼之間有一條磚紅色橫斑，背甲後有1對磚紅色直斑；腹部較頭胸部小，腹背前1/2呈金屬翠藍色，後1/2呈黑色，腹背中央有1個「山」字形磚紅色斑紋。

2 觸肢呈黃褐色，末端有白色短毛；螯肢呈褐色。

3 頭胸甲兩側有1條磚紅色橫紋；第I步足腿節和膝節腹面，長有黑色毛束，脛的背面和腹面，均長有黑色毛束。

4 玉翠蛛經常舉起第I步足，各步足呈黃褐色，有黑色和白色直紋。

❸

4

玉翠蛛 ♀

Siler semiglaucus

學名	*Siler semiglaucus* Simon, 1901
中文名稱	玉翠蛛
屬	翠蛛屬 （Genus *Siler* Simon, 1889）
體長	約 5 毫米
習性	步行速度快，常常舉起第I步足；經常出現在竹樹林；捕食蟻子。
分布	中國大陸、中國香港。
備註	香港新記錄種。

1

2

3

4

1 此蛛經常舉起第1步足，螯肢呈褐色。

2 第1步足呈桔褐色，其餘步足呈黃褐色，有黑色和白色直紋。

3 雌性玉翠蛛外表跟雄性相似，頭胸甲前端眼區呈黑褐色，背甲中央呈磚紅色的面積頗大，形成金屬翠藍色「T」字形斑紋；腹部較頭胸部大，呈卵圓形，腹背前1/2有一個變形的磚紅色「山」字形斑紋。

4 雌性玉翠蛛頭胸甲兩側呈磚紅色，邊沿呈金屬翠藍色；腹部兩側為黃褐色，後面1/3處有1條黃褐色環紋，腹後端呈黑色。

翠蛛屬 1 ♂
Siler sp. 1

學名	*Siler* sp. 1
中文名稱	翠蛛屬 1
屬	翠蛛屬 （Genus *Siler* Simon, 1889）
體長	約 12 毫米
習性	步行速度非常快，常常舉 起腹部及第 I 步足；經常 出現在竹樹林。
分布	中國香港、台灣、馬來西 亞。
備註	香港新記錄種。

❶

2

3

4

1 觸肢長，呈淡黃色，長白色毛；螯肢褐色，螯牙呈紅褐色。

2 雄蛛頭胸甲背面及兩側呈金屬藍綠色，甲背前端眼區位置呈金屬淡藍色，中央位置有1個白色斑點；腹背灰黑色，腹背中央有1條金屬淡藍色直紋，直紋中段位置兩側，有橙色不規則直紋；腹兩側具白色直帶。

3 頭胸部高隆，腹部呈細圓柱形；第I步足發達，呈金屬藍灰色，膝節和脛節具金屬淡藍色環紋；其餘步足呈黃褐色，有銀灰色鱗毛。

4 雄蛛經常舉起腹部及第I步足。

翠蛛屬 1 ♀

Siler sp. 1

學名	*Siler* sp. 1
中文名稱	翠蛛屬 1
屬	翠蛛屬（Genus *Siler* Simon, 1889）
體長	約 9~10 毫米
習性	步行速度非常快，常舉起腹部；經常出現在竹樹林。
分布	中國香港、台灣、馬來西亞。
備註	香港新記錄種。根據普薛斯基教授編製的 2006 年版 Global Species Database of Salticidae (Araneae)，此蛛暫列入翠蛛屬；另外，此蛛須與在台灣發現的 *Zebraplatys bulbus* 作比較。

❶

❷

3

4

1 觸肢淡黃色；螯肢紅褐色。

2 幼蛛頭胸部和腹部呈金屬灰黑色，步足透明藍色。

3 雌蛛頭胸甲背面及兩側呈金屬藍綠色，甲背前端眼區位置呈金屬淡藍色，中央位置有1條白色橫帶；腹背黑色，前端有弧形白色纖帶向兩側延伸，腹背中央有5個斑紋，由前至後第一、三及五個斑紋呈金屬淡藍色，第二及四個斑紋呈橙色，其中第一個斑紋由左右一對斑點組成，第二個斑紋呈「V」形。

4 頭胸部高隆，腹部呈粗圓柱形；各步足大小相約，呈黃褐色，有銀灰色鱗毛，腿節具灰黑色直紋，脛節和後跗節具黑色環紋。

翠蛛屬 2 ♀
Siler sp. 2

學名	*Siler* sp. 2
中文名稱	翠蛛屬 2
屬	翠蛛屬 （Genus *Siler* Simon, 1889）
體長	約 6~7 毫米
習性	經常舉起腹部。
分布	中國香港，馬來西亞。
備註	香港新記錄種，中國新記錄種。根據普薛斯基教授編製 2006 年版 Global Species Database of Salticidae (Araneae)，此蛛暫列入翠蛛屬。

❶

❷

❸

❹

1 此雌性跳蛛顏色艷麗；頭胸甲呈暗紅色，背甲有灰色短毛，兩側邊沿有白帶；腹部呈圓柱形，腹背前端有弧形灰色帶，腹背呈暗紅色，上有不規則金屬灰藍色斑紋，腹部末端及紡器呈黑色。

2 此跳蛛經常舉起腹部，紡器大；各步足大小相約，基節、轉節和腿節呈淡黃色，膝節、脛節、後附節和附節呈黃褐色。

3 觸肢呈淡黃色；螯肢呈褐色。

4 此雌性跳蛛在產卵後腹部明顯較產卵前（相號1~3）縮小。

西邁塔蛛屬 1 （性別不詳）

Simaetha sp. 1

學名	*Simaetha* sp. 1
中文名稱	西邁塔蛛屬 1
屬	西邁塔蛛屬 （Genus *Simaetha* Thorell, 1881） （註：Simaetha 音為西邁塔，故建議此屬的中文名稱為西邁塔蛛屬）
體長	約 7 毫米
習性	此蛛步行緩慢，跳躍力弱。
分布	中國香港、馬來西亞。
備註	香港新記錄種，中國新記錄種。根據普薛斯基教授編製的 2006 年版 Global Species Database of Salticidae (Araneae)，此蛛暫列入 *Simaetha* 屬。

❶

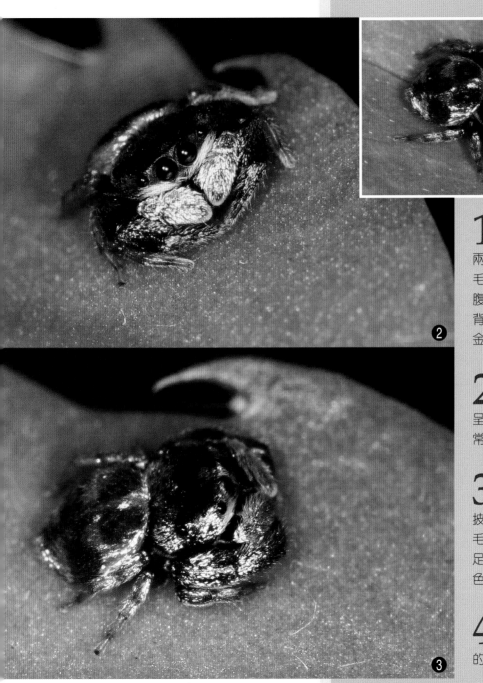

1 頭胸部寬闊扁平，呈褐紫色，背甲兩側及後沿有金色鱗毛；腹部接近圓形，腹背有金色鱗毛，腹背中央及周圍共6個金屬紫色斑紋。

2 觸肢肥大，有濃密金色毛；螯肢呈黑褐色；第I步足經常合上。

3 第I步足發達粗壯，呈黑褐色，披有金色和紫色鱗毛；第II、III及IV步足呈黃褐色，披有金色鱗毛。

4 腹部與頭胸部緊接，此蛛行走時的動作是機械式。

卷帶躍蛛 ♂

Sitticus fasciger

學名	*Sitticus fasciger* Simon, 1880
中文名稱	卷帶躍蛛（中）
屬	躍蛛屬 （Genus *Sitticus* Simon, 1901）
體長	約 4 毫米
習性	細小的跳蛛，善跳躍，生活於樹林底部，粗糙的樹皮縫間。
分布	中國大陸（黑龍江、吉林、內蒙、北京、河北、湖南）、中國香港、日本、韓國；卷帶躍蛛分布廣泛，在古北區和新北區（即北美洲）皆有。
備註	香港新記錄種。

1

2

3

4

1 雄性卷帶躍蛛的頭胸部似正立方形，呈灰褐色，背甲有黑褐色斑；腹部較頭胸部小，灰褐色呈卵形，腹背有2對黑褐色斑，後端有數個褐色「人」字形紋。

2 前眼底部有黃褐色毛形成橫帶；觸肢呈褐色，末端膨大，內側有1束黃褐色毛；螯肢呈黑褐色，背面有稀疏白毛。

3 頭胸部高隆，及至後端才突然下斜。

4 各步足大小相約，呈黑褐色，有灰褐色毛。

多彩紐蛛 ♂

Telamonia festiva

學名	*Telamonia festiva* Thorell, 1887
中文名稱	多彩紐蛛（中）
英文名稱	Jolly Telamonia
屬	紐蛛屬（Genus *Telamonia* Thorell, 1887）
體長	約10~12毫米
習性	常見於蕉樹。
分布	中國大陸（廣西、雲南、湘西）、中國香港、台灣、越南、馬來西亞、新畿內亞、緬甸。
備註	香港新記錄種。另外，此紐蛛需要與宋大祥教授發表的鼬紐蛛（*Telamonia mustelina*）香港記錄作比較。

1

2

3

4

1 觸肢和螯肢呈黑褐色，有白色毛。

2 雄性多彩紐蛛頭胸甲黑色，兩側有一條白帶，並在後側相連形成「U」狀；腹部錐形，呈黑褐色，腹背有1條白色直帶，後半部有數個「人」字形黑褐斑。

3 步足特別長，有稀疏白毛和黑色剛毛；後跗節和跗節呈黃褐色，脛節、膝節和腿節呈黑褐色。

4 有些雄性個體背甲眼區有兩個「月」形白斑。

多彩紐蛛 ♀

Telamonia festiva

學名	*Telamonia festiva* Thorell, 1887
中文名稱	多彩紐蛛（中）
英文名稱	Jolly Telamonia
屬	紐蛛屬（Genus *Telamonia* Thorell, 1887）
體長	約 12~15 毫米
習性	雌性多彩紐蛛體型十分巨大，身體斑紋複雜，常見於蕉樹。
分布	中國大陸（廣西、雲南、湘西）、中國香港、台灣、越南、馬來西亞、新畿內亞、緬甸。
備註	香港新記錄種。另外，此紐蛛需要與宋大祥教授發表的鼬紐蛛（*Telamonia mustelina*）香港記錄作比較。

①

1 觸肢黃褐色，有白色長毛；螯肢為灰色，螯牙為紅色。

2 步足呈黃褐色，有稀疏白毛及黑色剛毛。

3 雌性多彩紐蛛幼蛛。

4 雌性多彩紐蛛頭胸甲呈黃褐色，背甲眼區呈淡黃色，並且具6條紅褐色直紋，後側眼有淡黃色包圍，背甲後側有6條紅褐色放射形溝紋；腹部粗長呈錐形，腹背為淡黃色，腹後段有5至6個「人」字形黑紋，腹側散布黑褐色斑點。

巴莫方胸蛛 ♂

Thiania bhamoensis

學名	*Thiania bhamoensis* Thorell, 1887
中文名稱	巴莫方胸蛛（中）
英文名稱	Fighting Spider
屬	方胸蛛屬（Genus *Thiania* C. L. Koch, 1846）
體長	約 7~8 毫米
習性	生活在樹林底部，常見於蕉樹；跳躍力強，喜歡停留在葉縫，靜待獵物。
分布	中國大陸（廣東、雲南）、中國香港、台灣、越南、印尼、緬甸、新加坡。
備註	香港新記錄種。

1

❷

3

4

1 前眼周圍有銀白色毛；觸肢呈黑色，末端膨大。

2 雄性巴莫方胸蛛的頭胸甲呈黑色具光澤，背甲前端及後側，披有金屬淺藍色鱗毛；腹部窄長，腹背呈黑色具光澤，前端有弧形金屬淺藍色鱗毛，並伸延至兩側，腹背中間有 1 個「人」字形金屬淺藍色紋，腹背末端有1條金屬淺藍色橫紋。

3 頭胸甲背扁平。

4 第I步足發達，呈黑色具光澤，後跗節和脛節腹面有刺；第II步足的腿節、膝節和脛節呈黑色，其餘的節呈黃褐色；第 III 步足的腿節和膝節呈黑色，其餘的節呈黃褐色；第 IV 步足的腿節呈黑色，其餘的節呈黃褐色。

巴莫方胸蛛 ♀
Thiania bhamoensis

學名	*Thiania bhamoensis* Thorell, 1887
中文名稱	巴莫方胸蛛（中）
英文名稱	Fighting Spider
屬	方胸蛛屬（Genus *Thiania* C. L. Koch, 1846）
體長	約 8~9 毫米
習性	生活在樹林底部，常見於蕉樹；跳躍力強，喜歡停留在葉縫，靜待獵物。
分布	中國大陸（廣東、雲南）、中國香港、台灣、越南、印尼、緬甸、新加坡。
備註	香港新記錄種。雌性巴莫方胸蛛外表的花紋跟雄性相似，主要分別是全身的顏色。

❶

❷

❸

❹

1 雌性巴莫方胸蛛的頭胸甲呈暗褐色，背甲眼區呈黑褐色，前端及後側被金屬淺藍色鱗毛；腹部窄長，呈褐色，前端有弧形金屬淺藍色鱗毛，並伸延至兩側，腹背中間有1個「人」字形金屬淺藍色紋，並且在其之間有3個「人」字形黃褐色暗紋。

2 第I步足發達，呈黑褐色，後跗節和脛節腹面有刺；在靜止時，一對第I步足經常合上；第II步足呈暗褐色，而第III及IV步足呈褐色。

3 觸肢及螯肢呈黑褐色。

4 頭胸甲背及腹部扁平。

細齒方胸蛛 ♂

Thiania suboppressa

學名	*Thiania suboppressa* Strand, 1907
中文名稱	細齒方胸蛛（中）
英文名稱	Fighting Spider
屬	方胸蛛屬（Genus *Thiania* C. L. Koch, 1846）
體長	約 9 毫米
習性	常見於蕉樹；跳躍力強，喜歡停留在葉縫，靜待獵物。
分布	中國大陸（湖南、福建、廣東）、中國香港、台灣、越南。

1 第I步足呈褐色，其餘步足呈紅褐色，步足有稀疏銀白色鱗毛；在靜止時，第I及II步足經常設於前方，為蓄勢向前的姿勢，以準備隨時作出攻擊。

2 雄性細齒方胸蛛頭胸甲呈紅褐色，背甲眼區呈黑褐色，邊沿褐色，背甲後半部披銀白色鱗毛；腹部紅褐色，呈菱形，腹背前端有弧形銀白色帶，並延伸至末端，中央左右另有一對彎曲的銀白色帶。

3 前眼有銀白色鱗毛包圍；觸肢紅呈褐色，觸肢器膨大；螯肢呈黑褐色。

4 此蛛身體扁平，有利藏身於葉間；雄性細齒方胸蛛紡器呈褐色。

❸

4

細齒方胸蛛 ♀

Thiania suboppressa

學名	*Thiania suboppressa* Strand, 1907
中文名稱	細齒方胸蛛（中）
英文名稱	Fighting Spider
屬	方胸蛛屬（Genus *Thiania* C. L. Koch, 1846）
體長	約 9 毫米
習性	常見於蕉樹；跳躍力強，喜歡停留在葉縫靜待獵物。
分布	中國大陸（湖南、福建、廣東）、中國香港、台灣、越南。
備註	雌性細齒方胸蛛在外表上跟雄性極之相似。除了外雌器，較明顯分別是腹部形狀和顏色、腹背後部分的暗紋和紡器顏色。

①

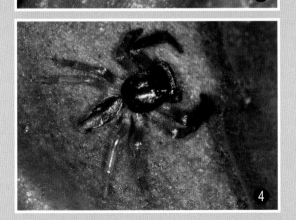

1 雌性的頭胸甲、腹部和步足上的銀白色鱗毛也較雄性少。

2 雌性細齒方胸蛛腹部中間的形狀較雄性為窄，雌性的最大分別是腹背呈褐色，而後1/2部分在中間有數條「人」字形的黃褐色暗紋。

3 雌性的第I步足呈紅褐色，其餘步足呈黃褐色，整體步足的顏色較雄性淺色。

4 雌性細齒方胸蛛的紡器呈黑褐色。

方胸蛛屬 1 ♂

Thiania sp. 1

學名	*Thiania* sp. 1
中文名稱	方胸蛛屬 1
英文名稱	Fighting Spider
屬	方胸蛛屬 （Genus *Thiania* C. L. Koch, 1846)
體長	約 7~8 毫米
習性	常見於蕉樹；跳躍力強，喜歡停留在葉縫靜待獵物。
分布	中國香港。
備註	此方胸蛛腹部的花紋跟 *T. bhamoensis* 及 *T. suboppressa* 有明顯分別；另外，此方胸蛛有異於 W.R. Sherriffs 所描繪的金線方胸蛛（*T. chryssogramma*）雌性形態，還有此跳蛛須與宋大祥等記述的非武方胸蛛（*T. inermis*）作比較。

❶

1 雄性頭胸甲呈黑褐色，背甲眼區呈黑色，胸區披金屬淺藍色鱗毛；腹部窄長，腹背前 2/3 呈黑褐色，腹背後 1/3 呈黃褐色，腹背前端有1條弧形金屬淺藍色帶，並延伸至末端，腹背中間有1對弧形金屬淺藍色直帶；紡器呈黑褐色。

2 觸肢呈黑褐色，末端膨大，有金屬淺藍色鱗毛。

3 頭胸甲背及腹部扁平。

4 第 I 步足發達，呈黑褐色；各步足脛節、膝節和腿節有金屬淺藍色鱗毛。

2

3

4

闊莎茵蛛 ♂

Thyene imperialis

學名	*Thyene imperialis* Rossi, 1846
中文名稱	闊莎茵蛛(中) / 帝莎茵蛛(港)
屬	莎茵蛛屬 (Genus *Thyene* Simon, 1885)
體長	約 6 毫米
習性	生活在灌木叢。
分布	中國大陸（湖北、福建、廣東、廣西）、中國香港、印度、印尼、地中海、沙地阿拉伯、塔吉克、土庫曼。
備註	雌性闊莎茵蛛外形與雄蛛相近，但身上金色鱗毛較少，以及白色長毛較稀疏；腹部較大，腹背呈褐色，具黑褐色斑。

1

❷

❸

1 雄性闊莎茵蛛色彩艷麗，全身多處有金色鱗毛；頭胸部形狀特別，前端和後端較窄，前端1/3處最闊；腹背呈金和橙色。

2 前側眼直徑只有前中眼直徑1/3，生於較高位置；額頭長有兩束向內生的白色長毛；螯肢長直，呈桔黃色，表面呈脊狀。

3 頭胸部特別高隆，背甲和腹部有白色長毛。

4 各步足有金色鱗毛和白色長毛，腿節有稀疏黑色剛毛；第I步足較其餘步足發達和粗壯，長度較體長更長。

❹

闊莎茵蛛 ♀

Thyene imperialis

學名	*Thyene imperialis* Rossi, 1846
中文名稱	闊莎茵蛛(中)，帝莎茵蛛（港）
屬	莎茵蛛屬（Genus *Thyene* Simon, 1885）
體長	約6毫米
習性	生活在灌木叢。
分布	中國大陸（湖北、福建、廣東、廣西）、中國香港、印度、印尼、地中海、沙地阿拉伯、塔吉克、土庫曼。
備註	雌性闊莎茵蛛外形與雄蛛相近，但身上金色鱗毛較少，以及白色長毛較稀疏；腹部較大，腹背呈褐色，具黑褐色斑。

①

216

1 雌性闊莎茵蛛色
彩不及雄蛛艷麗，
全身金色鱗毛較少；
頭胸部不及雄蛛誇張
的前端，後端較窄；
腹背呈橙紅色，具金
色縱紋和橫紋。

2 前側眼直徑只有
前中眼直徑1/3，
生於較高位置；觸肢
黃褐色，長有白色長
毛；螯肢長直，呈黃
褐色。

3 頭胸部高隆但不
及雄蛛，背甲和
腹部長有稀疏白色長
毛。

4 各步足有稀疏金
色鱗毛和白色長
毛，腿節有稀疏黑色
剛毛；第I步足較其餘
步足發達和粗壯。

第八章

結 語

我們認識跳蛛可能從比鬥跳蛛這個孩童時期的小玩意開始，不過從今天起可一同用欣賞的角度看跳蛛，看牠們豐富的色彩和活潑的行為。跳蛛也許是唯一會跟人們六目交投的蜘蛛，當牠們用那具深度的四隻前眼睛凝望着我時，心想：「神秘的小東西，你正在思想甚麼？」

香港位於中國東南沿海，在生物地理區域上接近東洋界與古北界的交界位置，我發現香港跳蛛物種豐富，在這本書出版前，我們只知道香港有35種跳蛛，現在這本書記述了香港39屬77種跳蛛（附錄一），佔中國跳蛛89屬398種（附錄二）的百分之18，或佔地球已知跳蛛物種約百分之1.3。此外，這本書發表42種香港跳蛛新記錄種，其中6種是中國新記錄種或屬。經這本書拋磚引玉後，希望會引起更多人觀察跳蛛，相信未來會發現更多新記錄種，估計香港的跳蛛可達80至100種。

除了個別跳蛛物種能適應人工環境生活外，大部分跳蛛需要生活在較天然和較少人為干擾的野外環境，所以跳蛛物種的多樣性，可以作為一個環境指標。要知道跳蛛是昆蟲例如：蚊子和蒼蠅的捕獵者，跳蛛對平衡環境和農田昆蟲的數量起了積極的作用，有助維持人類的環境衛生。跳蛛也是其他捕獵者例如胡蜂、兩棲動物、爬蟲動物和鳥類等的獵物，是生態系統的一族成員。研究人員發現，某些跳蛛對植物生長有正面作用，如果地球上失去跳蛛的話會產生甚麼生態連鎖反應，以現時的認知也難預知結果。

雖然香港沒有一些極度瀕危的物種，也沒有國寶級的明星動植物，但野生動物出奇地豐富，香港有記錄的跳蛛、蜻蜓、蝴蝶、雀鳥和淡水魚等，也能佔該類別在地球已知物種百分之1或以上。不是誇大，香港只是一個城市，其野生動物的豐富程度可以跟我國一個省或歐洲一些國家相比，可以說是南中國的一片生態瑰寶。隨着中國經濟和農村的急速發展，未來香港更會成為南中國的一個生態綠洲。如果說米埔、塱原和大埔滘是香港以至東亞地區的雀鳥樂園，沙羅洞、烏蛟騰和鹿頸是蜻蜓樂園，大埔滘、鳳園和嘉道理農場是蝴蝶天堂，那麼香港的跳蛛樂園便是鹿頸、烏蛟騰和坑口了。

如何持續地保育香港的生態資源是未來面對的大挑戰。香港野生生物多樣性的質和量，不是興建一兩個生態主題公園，就可以代替，要保持香港生態，也不是只靠管理現有的郊野公園可以做得到。政府必須保留鄉郊土地和天然河溪，減少使用化學殺蟲劑和化學肥料，正視非法使用土地和違規改變土地用途的問題，盡量利用現有已開發的土地及避免開發新土地。

其實，簡樸的生活方式不是代表貧窮人的生活。富而儉、簡樸而不華是一種優雅，為富而消耗無道是一種敗德。我們愛自己和下一代，所以給予孩子最好的教育和最好的自然環境。

在此，我寄望這本書可從奇趣的跳蛛，引領大眾關心自然生態，關心人類的永續生活！

1. 鹿頸、烏蛟騰和坑口是香港的跳蛛樂園，圖中所示是西邁塔蛛。
2. 香港沙羅洞是東亞地區的蜻蜓樂園，圖中所示是丹頂斑蟌。
3. 大埔滘自然護理區是香港的蝴蝶樂園，圖中所示是裳鳳蝶。
4. 米埔內后海灣是亞洲區的水鳥樂園，圖中所示是綠翅鴨（左）和黑臉琵琶鷺（右）。

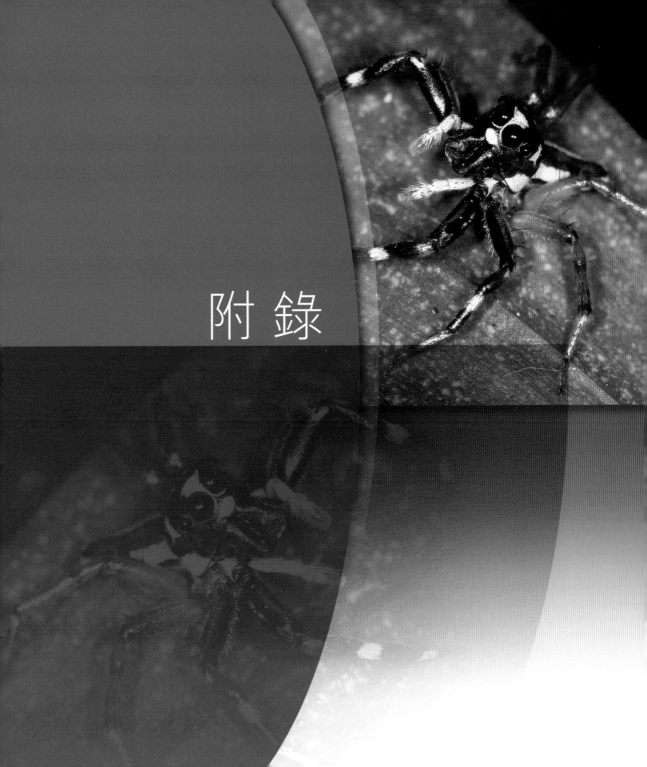

附 錄

附錄一：香港跳蛛名錄（蜘蛛目：跳蛛科）
Checklist of Hong Kong Jumping Spiders(Araneae: Salticidae)

引用：詹肇泰編，2006。香港跳蛛名錄（蜘蛛目：跳蛛科），載於《跳蛛、蠅虎、金絲貓 － 香港跳蛛圖鑑》。香港萬里機構出版。

Citation: Tsim, S.T. (edit). 2006. Checklist of Hong Kong Jumping Spiders (Araneae: Salticidae). In: Photographic Guide to the Jumping Spiders of Hong Kong. Published by Wan Li Book Co., Ltd., Hong Kong.

學名 Scientific name	作者 Author	中文名稱 Chinese name	世界分布[1] World Distribution	備註 Remarks
1. *Bavia aericeps*	Simon, 1877	麗頭包氏蛛	中國大陸，中國香港，新加坡，馬來西亞，菲律賓，夏威夷，澳洲以及一些太平洋島嶼	f
2. *Bianor hongkong*	Song, Xie, Zhu, Wu, 1997	香港菱頭蛛	中國香港	d
3. *Bianor angulosus (= B. hotingchiechi)*	Karsch, 1879(Schenkel, 1963)	多角菱頭蛛	中國大陸，越南，印尼，斯里蘭卡	c
4. *Bristowia heterospinosa*	Reimoser, 1934	巨刺布氏蛛	中國大陸，中國香港，日本，韓國，越南，印尼	f
5. *Burmattus pococki*	Thorell, 1895	波氏繡蛛	中國大陸，中國香港，日本，越南，緬甸	e, f
6. *Carrhotus sannio*	Thorell, 1891	角貓跳蛛	中國大陸，中國香港，越南，印度，印尼，菲律賓，緬甸，馬來西亞，尼泊爾	f
7. *Carrhotus fabrei(= C. viduus)*	C. L. Koch, 1846	白斑貓跳蛛	中國大陸，中國香港，印度，斯里蘭卡，緬甸，爪哇，馬來西亞	e
8. *Carrhotus xanthogramma*	Latreille, 1819	黑貓跳蛛	中國大陸，中國香港，保加利亞，越南，印度	e
9. *Chrysilla lauta*	Thorell, 1887	優美金毛蛛	中國大陸，中國香港，台灣，越南，緬甸，新加坡，馬來西亞	f
10. *Chrysilla versicolor*	C. L. Koch, 1846	多色金毛蛛、多色金蟬蛛、眼鏡黑條蠅虎	中國大陸，中國香港，台灣，日本，新加坡，印度，緬甸，越南，印尼，以及東洋區其他地區	e, f
11. *Cocalus concolor*	C. L. Koch, 1846	單色灰蛛	中國香港，印尼，新畿內亞	f
12. *Cyrba szechenyii*	Karsch, 1897	澤氏西爾蛛	中國香港	c
13. *Cytaea* sp. 1	Keyserling, 1882	胞蛛屬	中國香港，台灣	f
14. *Epeus alboguttatus*	Thorell, 1887	白斑艾普蛛	中國大陸，中國香港，越南，緬甸	f
15. *Epocilla calcarata*	Karsch, 1880	鋸艷蛛	中國大陸，中國香港，新加坡，婆羅洲，東印度群島	f
16. *Epocilla picturata*	Simon, 1901	圍紋艷蛛	中國大陸	a, c, f
17. *Epocilla* sp. 1	Thorell, 1887	艷蛛屬 1	中國香港	f
18. *Euophrys* sp. 1	Koch C.L., 1834	斑蛛屬 1	中國香港	f
19. *Evarcha bicoronata*	Simon, 1901	雙冠獵蛛	中國香港	a, c, f
20. *Evarcha flavocincta*	C. L. Koch, 1848	黃帶獵蛛	中國大陸，中國香港，日本，越南	f
21. *Habrocestum hongkongensis*	Proszynski, 1992	香港蛤布蛛	中國香港	b
22. *Harmochirus brachiatus*	Thorell, 1877	鰓蛤莫蛛	中國大陸，中國香港，台灣，日本，新加坡，越南，菲律賓，印度，印尼，澳洲	f
23. *Hasarius adansoni*	Audouin, 1827	花蛤沙蛛、阿氏哈沙蛛、安德遜蠅虎	中國大陸，中國香港，台灣，日本，越南，新加坡，印度	c, f
24. *Heliophanus* sp. 1	Koch C.L., 1833	閃蛛屬 1	中國香港	f
25. *Icius hongkong*	Song, Xie, Zhu, Wu, 1997	香港伊蛛	中國香港	d, f
26. *Irura trigonapophysis*	Peng et Yin, 1991	角突翹蛛	中國大陸，中國香港	f
27. *Langona hongkong*	Song, Xie, Zhu, Wu, 1997	香港蘭戈納蛛	中國香港	d
28. *Menemerus bivittatus*	Dufour, 1831	雙帶扁蠅虎	廣泛分布於各溫暖和熱帶地區，包括中國大陸，中國香港，越南，新加坡，婆羅洲，澳洲和非洲等	e, f
29. *Menemerus fulvus*	L. Koch, 1877	黃褐扁蠅虎	中國大陸，中國香港，日本，印度，緬甸，越南	f
30. *Modunda aeneiceps*	Simon, 1901		中國香港，斯里蘭卡	e
31. *Myrmarachne formosana*	Matsumura, 1911	台灣蟻蛛	中國香港，台灣	f
32. *Myrmarachne gisti*	Fox, 1937	吉蟻蛛	中國大陸，中國香港，日本，韓國，俄羅斯，保加利亞	f
33. *Myrmarachne japonica*	Karsch, 1879	日本蟻蛛	中國大陸，中國香港，台灣，日本，韓國	f
34. *Myrmarachne schenkeli*	Peng et Li, 2002	申氏蟻蛛	中國香港	b
35. *Myrmarachne magna*	Saito, 1933	大蟻蛛	中國香港，台灣	f
36. *Ocrisiona frenata*	Simon, 1901	繮猞跳蛛	中國香港	a, c, f
37. *Pancorius crassipes*	Simon, 1902	粗腳盤蛛	中國大陸，中國香港，台灣，越南，韓國，日本	f
38. *Pancorius hongkong*	Song, Xie, Zhu, Wu, 1997	香港盤蛛	中國香港	d
39. *Pancorius relucens*	Simon, 1901	光明盤蛛	中國香港	a, c
40. *Phaeacius malayensis*	Wanless, 1981	馬來弗蛛	中國大陸，中國香港，新加坡，馬來西亞	f
41. *Phintella bifurcilinea*	Boesenbery, Strand, 1906	花腹金蟬蛛、雙叉菲蛛、二叉黑條蠅虎	中國大陸，中國香港，台灣，韓國，日本，越南	c, f
42. *Phintella vittata*	C. L. Koch, 1848	條紋金蟬蛛	中國大陸，中國香港，越南，新加坡，菲律賓，印度	f

學名 Scientific name	作者 Author	中文名稱 Chinese name	世界分布 World Distribution	備註 Remarks
43. *Phlegra micans*	Simon, 1901	閃徘蛛	中國香港	a, c
44. *Phlegra semipullata*	Simon, 1901	半里徘蛛	中國香港	a, c
45. *Plexippoides sp. 1*	Proszynski, [1976] 1984	擬蠅虎蛛 1	中國香港	f
46. *Plexippus paykulli*	Savigny, Auduoin, 1827	黑色蠅虎、褐條斑蠅虎	中國大陸，中國香港，台灣，日本，新加坡以及世界各溫暖地區	c, f
47. *Plexippus petersi*	Karsch, 1878	溝渠蠅虎	中國大陸，東南非洲，新幾內亞，馬來西亞，日本，越南，新加坡，菲律賓，斯里蘭卡，印度，澳洲	f (只有觀察記錄)
48. *Plexippus setipes*	Karsch, 1879	條紋蠅虎	中國大陸，中國香港，台灣，日本，越南，遠東地區及中非洲	e, f
49. *Portia fimbriata*	Doleschall, 1859	纓孔蛛	中國香港，台灣，印度，斯里蘭卡，尼泊爾，新加坡，新幾內亞，澳洲	c, f
50. *Portia labiata*	Thorell 1882	唇鬚孔蛛	中國香港，斯里蘭卡，緬甸，印尼，新加坡，菲律賓	f
51. *Portia orientalis*	Murphy, Murphy, 1983	東方孔蛛	中國香港	c
52. *Pseudicius philippinensis*	Proszynski, 1992	菲島擬伊蛛	中國香港，菲律賓	f
53. *Pseudicius sp. 1*	Simon, 1902	擬伊蛛屬 1	中國香港，台灣	f
54. *Pseudicius sp. 2*	Simon, 1902	擬伊蛛屬 2	中國香港	f
55. *Pseudicius sp. 3*	Simon, 1902	擬伊蛛屬 3	中國香港	f
56. *Pseudicius sp. 4*	Simon, 1902	擬伊蛛屬 4	中國香港	f
57. *Ptocasius strupifer*	Simon, 1901	毛垛兜跳蛛、毛垛雙袋蛛	中國大陸，中國香港，台灣，越南	a, c, f
58. *Rhene flavicomans*	Simon, 1902	黃毛寬胸蠅虎	中國香港，印度，斯里蘭卡，不丹	f
59. *Rhene flavigera*	C.L. Koch, 1848	黃寬胸蠅虎	中國大陸，中國香港，越南，馬來西亞，蘇門答臘，新加坡	f
60. *Rhene hirsuta*	Thorell, 1877	粗雷蛛	中國香港，印尼	c
61. *Rhene rubrigera*	Thorell, 1887	銹寬胸蠅虎	中國大陸，中國香港，印尼，越南，緬甸	f
62. *Siler collingwoodi*	O. P.-Cambridge, 1871	紅翠蛛	中國大陸，中國香港	c
63. *Siler cupreus*	Simon, 1889	藍翠蛛	中國大陸，中國香港，台灣，日本，韓國	f
64. *Siler semiglaucus*	Simon, 1901	玉翠蛛	中國大陸，中國香港，馬來西亞，斯里蘭卡	f
65. *Siler sp. 1*	Simon, 1889	翠蛛屬 1	中國香港，台灣，馬來西亞	f
66. *Siler sp. 2*	Simon, 1889	翠蛛屬 2	中國香港，馬來西亞	f
67. *Simaetha sp. 1*	Thorell, 1881	西邁塔蛛屬 1	中國香港，馬來西亞	f
68. *Sitticus fasciger*	Simon, 1880	卷帶躍蛛	中國大陸，中國香港，日本，韓國：卷帶躍蛛分布廣泛在古北區和新北區	f
69. *Telamonia caprina*	Simon, 1903	開普紐蛛	中國大陸，中國香港，越南	e
70. *Telamonia festiva*	Thorell, 1887	多彩紐蛛	中國大陸，中國香港，台灣，越南，馬來西亞，新幾內亞，緬甸	f
71. *Telamonia mustelina*	Simon, 1901	貂紐蛛	中國香港	a, c
72. *Thiania bhamoensis*	Thorell, 1887	巴莫方胸蛛	中國大陸，中國香港，台灣，越南，印尼，緬甸，新加坡	f
73. *Thiania chrysogramma*	Simon, 1901	金線方胸蛛	中國香港	c
74. *Thiania inermis*	Lendl, 1897	非武方胸蛛	中國香港	c
75. *Thiania suboppressa*	Strand, 1907	細齒方胸蛛	中國大陸，中國香港，台灣，越南	e, f
76. *Thiania sp. 1*	C. L. Koch, 1846	方胸蛛屬 1	中國香港	f
77. *Thyene imperialis*	Rossi, 1846	閃莎茵蛛	中國大陸，中國香港，印度，印尼，地中海，沙地阿拉伯，塔吉克，土庫曼	c, f
潛在的跳蛛物種（廣東省有記錄而在香港未有記錄的跳蛛）				
78. *Evarcha albaria*	L. Koch, 1878	白斑獵蛛	中國大陸，朝鮮，印度，越南，日本，蒙古	g
79. *Evarcha pococki*	Zabka, 1985	波氏獵蛛	中國大陸，不丹，越南	g
80. *Myrmarachne formicaria (= M. joblotii)*	De Geer, 1778	喬氏蟻蛛	中國大陸，日本，韓國，俄羅斯，保加利亞，芬蘭	g
81. *Phintella suavis*	Simon, 1885	悅金蟬蛛	中國大陸，馬來西亞，尼泊爾，越南	g
82. *Rhene atrata*	Karsch, 1881	暗寬胸蠅虎	中國大陸，台灣，俄羅斯，韓國，日本，越南，印度	g
83. *Siler bielawskii*	Zabka, 1985	貝氏翠蛛	中國大陸，越南	g
84. *Zeuxippus pallidus*	Thorell, 1895	白長腰蠅虎	中國大陸，越南，緬甸	g

備註 Remarks：

1. 本圖鑑所述跳蛛在中國之分布主要參考彭賢錦、謝莉萍、肖小芹（1993）《中國跳蛛》一書。

a. Simon, E. 1901. Descriptions de quelques Salticides de Hong Kong faisant de la collection du O.-P. Cambridge. Ann. Soc. Ent. France. 70: 61-66.

b. Proszynski, J. 1992. Salticidae (Araneae) of the old world and pacific inslands in several US collections. Annal Zool. Warszawa. 44(8): 87-163.

c. 宋大祥、胡嘉儀，1997。香港蜘蛛初報，河北師範大學學報（自然科學報）。21(2): 186-192。

d. 宋大祥、謝莉萍、朱明生、胡嘉儀，1997。香港跳蛛記述（蜘蛛科：跳蛛科），四川動物。16(4): 149-152。

e. 徐湘、李樞強，2006。香港蜘蛛區系研究，蛛形學報。15(1): 27-32。

f. Tsim, S.T. 2006. Photographic Guide to the Jumping Spiders of Hong Kong. Wanli, Hong Kong China. ISBN 978-962-14-3491-3。（詹肇泰，2006。跳蛛．蠅虎．金絲貓——香港跳蛛圖鑑，萬里機構出版。香港）

g. 彭賢錦、謝莉萍、肖小芹，1993。中國跳蛛，湖南師範大學出版社。ISBN7-81031-338-X/Q。

附錄二：中國跳蛛名錄（蜘蛛目：跳蛛科）（包括中國大陸、中國香港和台灣跳蛛物種）
Checklist of China Jumping Spiders (Araneae: Salticidae)

引用：詹肇泰編，2006。中國跳蛛名錄（蜘蛛目：跳蛛科），載於《跳蛛‧蠅虎‧金絲貓 — 香港跳蛛圖鑑》。萬里機構出版，香港。

Citation: Tsim, S.T. (edict). 2006. Checklist of China Jumping Spiders (Araneae: Salticidae). In: Photographic Guide to the Jumping Spiders of Hong Kong. Published by Wan Li Book Co., Ltd., Hong Kong.

	學名 Scientific name	作者 Author	中文名稱 Chinese name	香港 (HK) 及台灣 (TW) 分布狀況 Status in Hong Kong (HK) and Taiwan (TW)	同種舊名稱 synonyms and combination
1.	Aelurillus m-nigrum	Chyzer, Kulczynski, 1891	黑豹跳蛛		
2.	Asemonea sichuanensis	Song, Chai, 1992	四川暗跳蛛		
3.	Asianellus festivus	C. L. Koch, 1834			Aelurillus festivus (麗豹跳蛛)，Euophrys striata (黑斑蛛)
4.	Asianellus festivus	C. L. Koch, 1834			Phlegra festiva (麗蛛蛛)
5.	Asianellus potanini	Schenkel, 1963			
6.	Attus beneficus	O. P.-Cambridge, 1885			
7.	Attus chlorommatus	Cantor, 1842			
8.	Attus devotus	O. P.-Cambridge, 1885			
9.	Bavia aericeps	Simon, 1877	麗頭包氏蛛	HK	
10.	Bianor angulosus	Karsch, 1879	多角菱頭蛛	HK	Bianor hotingchiechi (華南菱頭蛛)
11.	Bianor hongkong	Song, Xie, Zhu, Wu, 1997	香港菱頭蛛	HK	
12.	Bianor incitatus	Thorell, 1890			
13.	Bianor pseudomaculatus	Logunov, 2001			Bianor maculatus (斑紋菱頭蛛)
14.	Bristowia heterospinosa	Reimoser, 1934	巨刺布氏蛛、大刺布尼蛛	HK	
15.	Burmattus pococki	Thorell, 1895	波氏緬蛛	HK	
16.	Burmattus sinicus	Proszynski, 1992			
17.	Carrhotus coronatus	Simon, 1885	冠卡貓跳蛛		
18.	Carrhotus fabrei	Simon, 1885		HK	Carrhotus viduus (白斑貓跳蛛)
19.	Carrhotus sannio	Thorell, 1895	角貓跳蛛、桑尼貓跳蛛	HK	
20.	Carrhotus xanthogramma	Latreille, 1819	黑貓跳蛛、橙黃蠅虎	HK、TW	Carrhotus bicolor (雙色貓跳蛛)，Carrhotus pichoni
21.	Chalcoscirtus martensi	Zabka, 1980			
22.	Cheliceroides longipalpis	Zabka, 1985	長觸螯跳蛛		
23.	Chinattus taiwanensis	Bao, Peng, 2002	台灣華蛛	TW	
24.	Chrysilla lauta	Thorell, 1887	優美金毛蛛	HK、TW	
25.	Chrysilla versicolor	C. L. Koch, 1846	多色金毛蛛	HK、TW	Phintella versicolor (多色金蟬蛛、眼鏡黑條蠅虎)
26.	Cocalus concolor	C. L. Koch, 1846	單色灰蛛	HK	
27.	Colyttus lehtineni	Zabka, 1985	勒氏劍蛛		
28.	Cyrba ocellate	Kroneberg, 1875			
29.	Cyrba szechenyii	Karsch, 1897	澤氏西爾蛛	HK	
30.	Cytaea levii	Peng, Li, 2002		TW	
31.	Davidina magnidens	Schenkel, 1963			
32.	Dendryphantes atratus	Karsch, 1881	暗色追蛛		
33.	Dendryphantes biankii	Proszynski, 1979	卞氏追蛛		
34.	Dendryphantes chuldensis	Proszynski, 1982	呼勒德追蛛		
35.	Dendryphantes fusconotatus	Grube, 1861	棕色追蛛		
36.	Dendryphantes hastatus	Clerck, 1758			
37.	Dendryphantes potanini	Logunov, 1993			
38.	Dendryphantes pseudochuldensis	Peng, Xie, Kim, 1994			
39.	Dexippus taiwanensis	Peng, Hu, 2002		TW	
40.	Epeus alboguttatus	Thorell, 1887	白斑艾普蛛	HK	
41.	Epeus bicuspidatus	Song, Gu, Chen, 1988	雙尖艾普蛛	TW	
42.	Epeus glorius	Zabka, 1985	榮艾普蛛		
43.	Epocilla blairei	Zabka, 1985			
44.	Epocilla calcarate	Karsch, 1880	鋸氏艷蛛		
45.	Epocilla picturate	Simon, 1901	圖紋艷蛛		
46.	Euophrys alboplapalis	Bao, Peng, 2002	白鬚休斑蛛		
47.	Euophrys bulbus	Bao, Peng, 2002	球狀休斑蛛	HK	
48.	Euophrys everestensis	Wanless, 1975		HK	
49.	Euophrys frontalis	Walckenaer, 1802	前斑蛛	TW	
50.	Euophrys rufibarbis	Simon, 1868	微突斑蛛	TW	
51.	Euophrys wenxianensis	Tang, Yang, 1997	文縣斑蛛		
52.	Eupoa hainanensis	Peng, Kim, 1997			
53.	Eupoa maculata	Peng, Kim, 1997			
54.	Eupoa yunnanensis	Peng, Kim, 1997			
55.	Evarcha albaria	L. Koch, 1878	白斑獵蛛		
56.	Evarcha arcuata	Clerck, 1758	弓揹獵蛛		
57.	Evarcha bicoronata	Simon, 1901	雙冠獵蛛	HK	
58.	Evarcha bulbosa	Zabka, 1985	鱗狀獵蛛、球形獵蛛		
59.	Evarcha coreana	Seo, 1988			
60.	Evarcha digitata	Peng, Li, 2002	指狀獵蛛		
61.	Evarcha falcata	Clerck, 1758	鐮獵蛛		
62.	Evarcha fasciata	Seo, 1992	帶獵蛛		
63.	Evarcha flavocincta	C. L. Koch, 1846	黃帶獵蛛	HK	
64.	Evarcha hirticeps	Song, Chai, 1992	毛首獵蛛		Pharacocerus hirticeps (毛首法老蛛)
65.	Evarcha hoyi	Peckham, Peckham, 1883	賀氏鐮獵蛛		
66.	Evarcha hunanensis	Peng, Xie, Kim, 1993			
67.	Evarcha laetabunda	C. L. Koch, 1846			
68.	Evarcha mikhailovi	Logunov, 1992	米氏獵蛛		
69.	Evarcha optabilis	Fox, 1937			
70.	Evarcha orientalis	Song, Chai, 1992	東方獵蛛		Pharacocerus oriental (東方法老蛛)
71.	Evarcha paralbaria	Song, Chai, 1992	擬白斑獵蛛		
72.	Evarcha pococki	Zabka, 1985	波氏獵蛛		
73.	Evarcha proszynskii	Marusik, Logunov, 1997			
74.	Evarcha pseudopocooki	Peng, Xie, Kim, 1993			
75.	Evarcha sichuanensis	Peng, Xie, Kim, 1993			
76.	Evarcha wenxianensis	Tang, Yang, 1995	文縣獵蛛		
77.	Evarcha wulingensis	Peng, Xie, Kim, 1993			
78.	Featheroides typica	Peng, Ying, Kim, 1994			
79.	Featheroides yunnanensis	Peng, Ying, 1994			
80.	Gedea daoxianensis	Song, Gong, 1992	道縣格德蛛		
81.	Gedea sinensis	Song, Chai, 1991			
82.	Gedea unguiformis	Xiao, Yin, 1991	爪格德蛛		
83.	Gelotia syringopalpis	Wanless, 1984	針管膠跳蛛		
84.	Habrocestoides dactyloides	Peng, Xie, Kim, 1993			
85.	Habrocestoides dactyloides	Xie, Peng, Kim, 1993			Hasarius dactyloides
86.	Habrocestoides emeiensis	Peng, Xie, 1995			
87.	Habrocestoides furcatus	Xie, Peng, Kim, 1993			
88.	Habrocestoides geminus	Song, Chai, 1992			
89.	Habrocestoides sinensis	Proszynski, 1992			
90.	Habrocestoides szechwanensis	Proszynski, 1992			
91.	Habrocestoides taiwanensis	Bao, Peng, 2002		TW	
92.	Habrocestoides tibialis	Zabka, 1985			
93.	Habrocestoides tibialis	Zabka, 1985			Phintella tibialis (脛金蟬蛛)
94.	Habrocestoides undulatus	Song, Chai, 1992			Heliophanus undulatus (波狀閃蛛)
95.	Habrocestoides validus	Xie, Peng, Kim, 1993			
96.	Habrocestoides wulingensis	Peng, Xie, 1995			
97.	Habrocestoides wulingoides	Peng, Xie, 1995			
98.	Habrocestum hongkongensis	Proszynski, 1992	香港蛤布蛛	HK	
99.	Habrocestum kweilinensis	Proszynski, 1992			
100.	Habrocestum kweilinensis	Proszynski, 1992			Hasarius kweilinensis
101.	Hakka himeshimensis	Doenitz, Strand, 1906			Menemerus himeshimensis (海濱蠅虎)，Pseudicius himeshimensis (姬島蠅伊蛛)，Salticus koreanus (朝鮮跳蛛)
102.	Harmochirus brachiatus	Thorell, 1877	鰓蛤莫蛛	HK、TW	
103.	Harmochirus insulanus	Kishida, 1914			
104.	Harmochirus pineus	Xiao, Wang, 2005	松林蛤莫蛛		
105.	Hasarina contortospinosa	Schenkel, 1963	蟠旋哈蛛		
106.	Hasarius adansoni	Savigny, Audouin, 1825	花蛤沙蛛、安德遜蠅虎	HK、TW	
107.	Heliophanus auratus	C. L. Koch, 1835	金點閃蛛		
108.	Heliophanus baikalensis	Kulczynski, 1895			
109.	Heliophanus cupreus	Walckenaer, 1802	綠閃蛛		
110.	Heliophanus curvidens	O. P.-Cambridge, 1872			
111.	Heliophanus cuspidatus	Xiao, 2000	尖閃蛛		
112.	Heliophanus dubius	C. L. Koch, 1835	蔡閃蛛		
113.	Heliophanus falcatus	Wesolowska, 1986	鐮閃蛛		
114.	Heliophanus flavipes	Hahn, 1831			
115.	Heliophanus geminus	Song, Chai, 1992	雙閃蛛		
116.	Heliophanus lineiventris	Simon, 1868	線腹閃蛛		
117.	Heliophanus patagiatus	Thorell, 1875			
118.	Heliophanus potanini	Schenkel, 1963			
119.	Heliophanus tribulosus	Simon, 1868			
120.	Heliophanus ussuricus	Kulczynski, 1895	烏蘇里閃蛛		

學名 Scientific name	作者 Author	中文名稱 Chinese name	香港（HK）及台灣（TW）分布狀況 Status in Hong Kong (HK) and Taiwan(TW)	同種舊名稱 synonyms and combination
121. *Heliophanus wulingensis*	Peng, Xie, 1996	武陵閃蛛		
122. *Hyllus diardi*	Walckenaer, 1837	斑腹蠅象		
123. *Hyllus pupillatus*	Fabricius, 1793			
124. *Icius courtauldi*	Bristowe, 1934	考氏伊蛛		
125. *Icius hamatus*	C. L. Koch, 1846			
126. *Icius hongkong*	Song, Xie, Zhu, Wu, 1997	香港伊蛛	HK	
127. *Irura hamatapophysis*	Peng, Yin, 1991	鉤突翹蛛		*Kinhia hamatapophysis*（鉤突金希蛛）
128. *Irura longiochelicera*	Peng, Yin, 1991	長螯翹蛛		
129. *Irura mandarina*	Simon, 1902			
130. *Irura trigonapophysis*	Peng, Yin, 1991	角突翹蛛	HK	*Kinhia trigonapophysis*（角突金希蛛）
131. *Irura yueluensis*	Peng, Yin, 1991	岳麓翹蛛		*Kinhia yueluensis*（岳麓金希蛛）
132. *Irura yunnanensis*	Peng, Yin, 1991	雲南翹蛛		*Kinhia yunnanensis*（雲南金希蛛）
133. *Langerra longicymbium*	Song , Chai, 1991			
134. *Langerra oculina*	Zabka, 1985			
135. *Langona bhutanica*	Proszynski, 1978	不丹榔蛛		
136. *Langona biangula*	Peng, Li , Yang, 2004			
137. *Langona hongkong*	Song, Xie, Zhu, Wu, 1997	香港蘭戈納蛛	HK	
138. *Langona maculata*	Peng, Li , Yang, 2004			
139. *Langona tartarica*	Charitonov, 1946			
140. *Laufeia aenea*	Simon, 1889			
141. *Laufeia liujiapingensis*	Tang, Yang, 1997	劉家坪緋蛛		
142. *Laufeia proszynskii*	Song, Gu , Chen, 1988			
143. *Lechia squamata*	Zabka, 1985			
144. *Lycidas furvus*	Song, Chai, 1992	暗列錫蛛		
145. *Macaroeris moebi*	Boesenberg, 1895			*Dendryphantes canariensis*（加利那追蛛）
146. *Macaroeris moebi*	Bosenberg, 1895			
147. *Marpissa magister*	Karsch, 1879	縱條蠅獅		
148. *Marpissa milleri*	Peckham, Peckham, 1984			*Marpissa dybowskii*（螺蠅獅）
149. *Marpissa pomatia*	Walckenaer, 1802	黃棕蠅獅		
150. *Marpissa pulla*	Karsch, 1879	橫紋蠅獅，橫紋蠅虎	TW	
151. *Meata fungiformis*	Xiao,Yin, 1991	蘑菇杯蛛		
152. *Mendoza canestrini*	Ninni, Canestrini, Pavesi, 1868			*Marpissa magister (Karsch, 1879)*
153. *Mendoza canestrinii*	Ninni, Canestrini, Pavesi, 1868			
154. *Mendoza elongata*	Karsch, 1879	箭形蠅虎	TW	*Marpissa elongata*（長腹蠅獅）
155. *Mendoza nobilis*	Grube, 1859			
156. *Mendoza pulchra*	Proszynski, 1976			*Marpissa pulchra*（美麗蠅獅）
157. *Menemerus bivittatus*	Dufour, 1831	雙帶扁蠅虎	HK	*Menemerus bonneti*（包氏扁蠅虎）
158. *Menemerus fulvus*	L. Koch, 1877	黃褐扁蠅虎	HK · TW	*Menemerus brachhygnathus*（短額扁蠅虎），*Menemerus confuses*（白鬚蠅虎）
159. *Menemerus legendrei*	Schenkel, 1963			
160. *Menemerus wuchangensis*	Schenkel, 1963			
161. *Modunda aeneiceps*	Simon, 1901		HK	*Bianor aeneiceps*（銅頭菱頭蛛）
162. *Mogrus antoninus*	Andreeva, 1976			
163. *Mogrus neglectus*	Simon, 1868			
164. *Myrmarachne annamita*	Zabka, 1985	條紋蟻蛛，條蟻蛛	TW	
165. *Myrmarachne brevis*	Xiao, 2002	短螯蟻蛛		
166. *Myrmarachne circulus*	Xiao, Wang, 2004	環蟻蛛		
167. *Myrmarachne edwardsi*	Berry, Beatty, Proszynski, 1996	艾氏蟻蛛	TW	
168. *Myrmarachne elongata*	Szombathy, 1915	長腹蟻蛛		
169. *Myrmarachne formicaria*	De Geer, 1778			*Myrmarachne joblotii*（喬氏蟻蛛）
170. *Myrmarachne formosana*	Matsumura, 1911	台灣蟻蛛	HK · TW	
171. *Myrmarachne formosicola*	Strand, 1910	擬台灣蟻蛛	TW	
172. *Myrmarachne gisti*	Fox, 1937	吉氏蟻蛛	HK	
173. *Myrmarachne globosa*	Wanless, 1978	球蟻蛛		
174. *Myrmarachne hoffmanni*	Strand, 1913			
175. *Myrmarachne innermichelis*	Bosenberg, Strand, 1906	黑色蟻蛛	TW	
176. *Myrmarachne japonica*	Karsch, 1879	日本蟻蛛	HK · TW	
177. *Myrmarachne kiboschesis*	Lessert, 1925	褶腺蟻蛛，褶腹蟻蛛	TW	
178. *Myrmarachne kuwagata*	Yaginuma, 1976	叉蟻蛛，桑氏蟻蛛		
179. *Myrmarachne laeta*	Thorell, 1887			
180. *Myrmarachne lesserti*	Lawrence, 1938	申氏蟻蛛	HK	
181. *Myrmarachne linguiensis*	Zhang,Song, 1992	臨桂蟻蛛		

學名 Scientific name	作者 Author	中文名稱 Chinese name	香港（HK）及台灣（TW）分布狀況 Status in Hong Kong (HK) and Taiwan(TW)	同種舊名稱 synonyms and combination
182. *Myrmarachne lugubris*	Kulczynski, 1895			
183. *Myrmarachne magna*	Saito, 1933	大蟻蛛	HK · TW	
184. *Myrmarachne maxillosa*	C. L. Koch, 1846			
185. *Myrmarachne patellata*	Strand, 1907			
186. *Myrmarachne plataleoides*	O. P.-Cambridge, 1869	黃蟻蛛		
187. *Myrmarachne sansibarice*	Strand, 1910	無刺蟻蛛	TW	
188. *Myrmarachne vehemens*	Fox, 1937			
189. *Myrmarachne voliatilis*	Peckham, Peckham, 1892	伏蟻蛛		
190. *Neon levis*	Simon, 1871	光滑新跳蛛		
191. *Neon minutus*	Zabka, 1985	微新跳蛛	TW	
192. *Neon ningyo*	Ikeda, 1995	人紋新跳蛛		
193. *Neon reticulatus*	Blackwall, 1853	網新跳蛛		
194. *Neon wangi*	Peng , Li, 2006	王氏新跳蛛		
195. *Neon zonatus*	Bao , Peng, 2002	帶新跳蛛，帶小跳蛛	TW	
196. *Nungia epigynalis*	Zabka, 1985	上位蝶蛛		
197. *Ocrisiona frenate*	Simon, 1901	繮脊跳蛛	HK	
198. *Onomastus nigrimaculatus*	Simon, 1900			
199. *Pancorius crassipes*	Karsch, 1881	粗腳盤蛛	HK · TW	*Evarcha crassipes*（粗腳獵蛛）
200. *Pancorius goulufengensis*	Peng, Yin, Yan, Kim, 1998			
201. *Pancorius hainanensis*	Song , Chai, 1991			
202. *Pancorius hongkong*	Song, Chai, 1991	香港盤蛛	HK	
203. *Pancorius magnus*	Zabka, 1985	大盤蛛	TW	
204. *Pancorius minutus*	Zabka, 1985			
205. *Pancorius relucens*	Simon, 1901	光明盤蛛	HK	
206. *Pancorius taiwanensis*	Bao , Peng, 2002	台灣盤蛛	TW	
207. *Pellenes albomaculatus*	Peng , Xie, 1993	白斑蠅犬		
208. *Pellenes denisi*	Schenkel, 1963			
209. *Pellenes gobiensis*	Schenkel, 1963			
210. *Pellenes maderianus*	Kulczynski, 1905			
211. *Pellenes nigrocillatus*	L. Koch, 1875	黑線蠅犬		
212. *Pellenes sibiricus*	Logunov , Marusik, 1994	西伯利亞蠅犬		
213. *Phaeacius malayensis*	Wanless, 1981	馬來弗蛛	HK	
214. *Phaeacius yixin*				
215. *Philaeus chrysops*	Poda, 1761	黑斑蠅狼		
216. *Phintella abnormis*	Bosenberg, Strand, 1906	異常黑條蠅虎	TW	
217. *Phintella accentifera*	Simon, 1901	扇形金蟬蛛		
218. *Phintella aequiperformsis*	Zabka, 1985	雙帶金蟬蛛		
219. *Phintella areaicolor*	Grube, 1861			
220. *Phintella bifurcilinea*	Bosenberg, Strand, 1906	花腹金蟬蛛，二叉黑條蠅虎	HK · TW	
221. *Phintella cavaleriei*	Schenkel, 1963	卡氏金蟬蛛，卡氏麗蛛		
222. *Phintella debilis*	Thorell, 1892		TW	
223. *Phintella hainani*	Song, Gu , Chen, 1988			
224. *Phintella indica*	Simon, 1901			
225. *Phintella linea*	Karsch, 1879	線紋金蟬蛛，直線黑條蠅虎	TW	*Icius linea*（線紋伊蛛）
226. *Phintella melloteei*	Simon, 1888	機敏金蟬蛛，黃斑麗蛛		
227. *Phintella parous*	Wesolowska, 1981	小金蟬蛛		
228. *Phintella parva*	Wesolowska, 1981			
229. *Phintella popovi*	Proszynski, 1979	波氏金蟬蛛，波氏麗蛛		
230. *Phintella pygmaea*	Wesolowska, 1981			
231. *Phintella suavis*	Simon, 1885	悅金蟬蛛		
232. *Phintella vittate*	C. L. Koch, 1846	條紋金蟬蛛（條紋麗蛛）	HK	
233. *Phlegra cinereofasciata*	Simon, 1868			*Phlegra fuscipes*（棕緋蛛）
234. *Phlegra fasciata*	Hahn, 1826	帶緋蛛		
235. *Phlegra micans*	Simon, 1901	閃緋蛛		
236. *Phlegra pisarskii*	Zabka, 1985	皮氏弗列蛛	HK	
237. *Phlegra semipullata*	Simon, 1901	半里緋蛛		
238. *Phlegra thibetana*	Simon, 1901		HK	
239. *Plexippoides annulipedis*	Saito, 1939			
240. *Plexippoides cornutus*	Xie, Peng, 1993	角擬蠅虎		
241. *Plexippoides digitatus*	Peng , Li, 2002	指狀擬蠅虎		
242. *Plexippoides discifer*	Schenkel, 1953	盤觸擬蠅虎		
243. *Plexippoides nishitakensis*	Strand, 1907			*Plexippoides doenitzi*
244. *Plexippoides potanini*	Proszynski, 1967	波氏擬蠅虎		
245. Plexippoides regius	Wesolowska, 1981	王擬蠅虎		
246. *Plexippoides szechuanensis*	Logunov, 1993			
247. *Plexippoides validus*	Xie,Yin, 1991	壯擬蠅虎		
248. *Plexippoides zhangi*	Peng, Yin, Yan, Kim, 1998			
249. *Plexippus bhutani*	Zabka, 1990	不丹蠅虎		
250. *Plexippus incognitus*	Boesenberg, Strand, 1906			
251. *Plexippus paykulli*	Savigny, Audouin, 1827	黑色蠅虎，褐條斑蠅虎		
252. *Plexippus petersi*	Karsch, 1878	溝渠蠅虎	HK · TW	
253. *Plexippus setipes*	Karsch, 1879	條紋蠅虎		
254. *Plexippus yinae*	Peng , Li, 2003		HK · TW	
255. *Portia fimbriata*	Doleschall, 1859	纓孔蛛		
256. *Portia heteroidea*	Xie,Yin, 1991	異形孔蛛	HK · TW	
257. *Portia jianfeng*	Song, Zhu, 1988	尖峰孔蛛		

學名 Scientific name	作者 Author	中文名稱 Chinese name	香港（HK）及台灣（TW）分布狀況 Status in Hong Kong (HK) and Taiwan(TW)	同種舊名稱 synonyms and combination
258. *Portia labiata*	Thorell 1882	唇鬚孔蛛		
259. *Portia orientalis*	Murphy , Murphy, 1983	東方孔蛛	HK	
260. *Portia quei*	Zabka, 1985	昆孔蛛，奎孔蛛	HK	
261. *Portia songi*	Tang, Yang, 1997	宋氏孔蛛		
262. *Portia taiwanica*				
263. *Portia zhaoi*	Peng, Li , Chen, 1992	趙氏孔蛛		
264. *Pseudeuophrys erratica*	Walckenaer, 1826	游走擬斑蛛		*Euophrys erratica*（游走斑蛛）
265.*Pseudeuophrys erratice*	Walckenaer, 1826			
266.*Pseudeuophrys iwatensis*	Bohdanowicz , Proszynski, 1987			
267.*Pseudeuophrys obsoleta*	Simon, 1863			*Euophrys obsoleta*（侏斑蛛）
268.*Pseudicius afghanicus*	Andreeva, Heciak , Proszynski, 1984			
269.*Pseudicius cambridgei*	Proszynski, Zochowska, 1981			*Icius cambridigei*
270.*Pseudicius chinensis*	Logunov, 1995			
271.*Pseudicius cinctus*	O. P.-Cambridge, 1885			*Icius cinctus*
272. *Pseudicius courtauldi*	Bristowe, 1935			
273. *Pseudicius deletus*	O. P.-Cambridge, 1885			
274. *Pseudicius frigidus*	O. P. Cambridge, 1885			
275. *Pseudicius koreanus*	Wesolowska, 1981	朝鮮擬伊蛛		*Icius koreanus*（朝鮮伊蛛）
276.*Pseudicius philippinensis*	Proszynski, 1992	菲島擬伊蛛	HK	
277.*Pseudicius szechuanensis*	Logunov, 1995			
278. *Pseudicius vulps*	Grube, 1861	狐擬伊蛛		
279.*Pseudicius wenshanensis*	He , Wu, 1999	文山擬伊蛛		
280.*Pseudicius yunnanensis*	Schenkel, 1963			*Menemerus yunnanensis*
281.*Pseudoheliophanus similis*	Schenkel, 1963			
282. *Ptocasius montiformis*	Song, 1991			
283. *Ptocasius songi*	Logunov, 1995			
284. *Ptocasius strupifer*	Simon, 1901	毛垛兜跳蛛	HK · TW	
285. *Ptocasius vittatus*	Song, 1991			
286. *Ptocasius yunnanensis*	Song, 1991			
287. *Rhene albigera*	C. L. Koch, 1848	阿貝寬胸蠅虎，白雷蛛		
288. *Rhene atrata*	Karsch, 1881	暗寬胸蠅虎，黑雷蛛	TW	
289. *Rhene biembolusa*	Song, Chai, 1991			
290. *Rhene candida*	Fox, 1937			
291. *Rhene flavicomans*	Simon, 1902	黃毛寬胸蠅虎	HK	
292. *Rhene flavigera*	C. L. Koch, 1848	黃寬胸蠅虎，黃寬胸雷蛛	HK	
293. *Rhene hirsuta*	Thorell, 1877	粗雷蛛	HK	
294. *Rhene plana*	Schenkel, 1936			
295. *Rhene rubigera*	Thorell, 1887	銹寬胸蠅虎，銹雷蛛	HK	
296. *Rhene setipes*	Zabka, 1985	條紋寬胸蠅虎		
297. *Rhene triapophyses*	Peng, 1995	三突寬胸蠅虎		
298. *Salticus latidentatus*	Roewer, 1951			*Salticus potanini*（波氏跳蛛）
299. *Sibianor annae*	Logunov, 2001			
300. *Sibianor aurocinctus*	Ohlert, 1865			
301. *Sibianor latens*	Logunov, 1991			*Harmochirus latens*（隱蔽蛤莫蛛）
302. *Sibianor pullus*	Boesenberg, Strand, 1906			*Bianor aurocinctus*（微菱頭蛛），*Harmochirus pullus*（暗色蛤莫蛛）
303. *Sibianor pullus*	Bosenberg, Strand, 1906		TW	
304. *Sibianor turkestanicus*	Logunov, 2001			*Bianor inexplouratus*（斜紋菱頭蛛）
305. *Siler bielawskii*	Zabka, 1985	貝氏翠蛛		
306. *Siler collingwoodi*	O. P.-Cambridge, 1871	紅翠蛛	HK	
307. *Siler cupreus*	Simon, 1889	藍翠蛛	HK · TW	
308. *Siler semiglaucus*	Simon, 1901	玉翠蛛	HK	
309. *Siler severus*	Simon, 1901			
310. *Siler* sp. 1	Simon, 1889	翠蛛屬 1	HK · TW	
311. *Siler* sp. 2	Simon, 1889	翠蛛屬 2	HK	
312. *Simaetha* sp. 1	Thorell, 1881	西邁塔蛛屬 1	HK	
313. *Sitticus albolineatus*	Kulczynski, 1895	白線蛛		
314. *Sitticus avocator*	O. P.-Cambridge, 1885	鳥躍蛛		
315. *Sitticus clavator*	Schenkel, 1936			
316. *Sitticus fasciger*	Simon, 1880	卷帶躍蛛	HK	
317. *Sitticus floricola*	C. L. Koch, 1837			
318. *Sitticus niveosignatus*	Simon, 1880			
319. *Sitticus penicillatus*	Simon, 1875	五斑躍蛛，白星褐蠅虎	TW	
320. *Sitticus saxicola*	C. L. Koch, 1848			
321. *Sitticus sinensis*	Schenkel, 1963	中華躍蛛		
322. *Sitticus taiwanensis*	Peng , Li, 2002		TW	
323. *Sitticus wuae*	Peng, Tso, Li, 2002	吳氏褐蠅虎	TW	
324. *Spartaeus ellipticus*	Bao , Peng, 2002	橢圓雀躍蛛	TW	
325. *Spartaeus jianfengensis*	Song , Chai, 1991			

學名 Scientific name	作者 Author	中文名稱 Chinese name	香港（HK）及台灣（TW）分布狀況 Status in Hong Kong (HK) and Taiwan(TW)	同種舊名稱 synonyms ar combination
326. *Spartaeus platnicki*	Song, Chen , Gong, 1991	普氏雀跳蛛		*Spartaeus ellipticu*（異刺散蛛）
327. *Spartaeus thailandicus*	Wanless, 1984			
328. *Stenaelurillus hainanensis*	Peng, 1995	瓊斯坦蛛		
329. *Stenaelurillus minutus*	Song, Chai, 1991			
330. *Stenaelurillus triguttatus*	Thorell, 1895			
331. *Synageles charitonovi*	Andreeva, 1976			
332. *Synageles ramitus*	Andreeva, 1976			
333. *Synageles venator*	Lucas, 1836	脈似蟻蛛		
334. *Synagelides agoriformis*	Boesenberg, Strand, 1906	日本合跳蛛		
335. *Synagelides annae*	Bohdanowicz, 1979	安氏合跳蛛		
336. *Synagelides cavaleriei*	Schenkel, 1963			
337. *Synagelides gambosa*	Xie, Yin, 1990	蹄形合跳蛛		
338. *Synagelides longus*	Song, Chai, 1992	長合跳蛛		
339. *Synagelides lushanensis*	Xie, Yin, 1990	廬山合跳蛛		
340. *Synagelides palpalis*	Zabka, 1985	觸合蠅虎	TW	
341. *Synagelides palpaloides*	Peng, Tso, Li, 2002	類觸合蠅虎	TW	
342. *Synagelides tianmu*	Song, 1990			
343. *Synagelides yunnan*	Song, Zhu, 1998	雲南合跳蛛		
344. *Synagelides zhaoi*	Peng, Li , Chen, 1982	趙氏合跳蛛		
345. *Synagelides zhilcovae*	Proszynski, 1979	齊氏合跳蛛		
346. *Synagelies palpalis*				
347. *Synemosyna formica*	Hentz, 1846			*Synemosyna luna* (Walckenaer, 183
348. *Talavera aequipes*	O. P.-Cambridge, 1871			*Euophrys aequipe*
				（同足斑蛛）
349. *Talavera aequipes*	O. P.-Cambridge, 1871			
350. *Talavera petrensis*	C. L. Koch, 1837			*Euophrys petrens*（彼得斑蛛）
351. *Talavera trivittata*	Schenkel, 1963			
352. *Tasa davidi*	Schenkel, 1963	大衛塔沙蛛		
353. *Tasa nipponica*	Bohdanowicz , Proszynski, 1987			
354. *Tauala elongata*	Peng , Li, 2002		TW	
355. *Telamonia caprina*	Simon, 1903	開普紐蛛		
356. *Telamonia festiva*	Thorell, 1887	多彩紐蛛	HK · TW	
357. *Telamonia mustelina*	Simon, 1901	鼬紐蛛	HK	
358. *Telamonia vlijmi*	Proszynski, 1984	弗氏紐蛛	TW	
359. *Thiania bhamoensis*	Thorell, 1887	巴哈莫方胸蛛	HK · TW	
360. *Thiania cavaleriei*	Schenkel, 1963			
361. *Thiania chrysogramma*	Simon, 1901	金錢方胸蛛	HK	
362. *Thiania inermis*	Lendl, 1897	非武方胸蛛	HK	
363. *Thiania lutebrachialis*	Schenkel, 1963			
364. *Thiania pulcherrima*	C. L. Koch, 1846			
365. *Thiania suboppressa*	Strand , 1907	細齒方胸蛛	HK · TW	
366. *Thyene bivittata*	Xie, Peng, 1995			
367. *Thyene imperialis*	Rossi, 1846	闊莎茵蛛	HK	
368. *Thyene orientalis*	Zabka, 1985	東方莎茵蛛		
369. *Thyene radialis*	Xie, Peng, 1995			
370. *Thyene triangula*	Xie, Peng, 1995			
371. *Thyene yuxiensis*	Xie, Peng, 1995			
372. *Wanlessia denticulata*	Peng, Tso, Li, 2002	齒沃蛛	TW	
373. *Yaginumaella badongensis*	Song, Chai, 1992	巴東八氏跳蛛		
374. *Yaginumaella bilaguncula*	Peng , Xie, 1995	雙屏八氏跳蛛		
375. *Yaginumaella flexa*	Song, Chai, 1992	曲八氏跳蛛		
376. *Yaginumaella lobata*	Peng, Tso, Li, 2002	垂雅蛛	TW	
377. *Yaginumaella medvedevi*	Proszynski, 1979	梅氏雅蛛		
378. *Yaginumaella montana*	Zabka, 1981	山地八氏跳蛛		
379. *Yaginumaella nanyuensis*	Peng , Xie, 1995	南岳八氏跳蛛		
380. *Yaginumaella nepalica*	Zabka, 1980			
381. *Yaginumaella thakkholaica*	Zabka, 1981			
382. *Yaginumaella variformis*	Song, Chai, 1991	異形八氏跳蛛		
383. *Yaginumanis wanlessi*				
384. *Yaginumansis cheni*	Peng , Li, 2000	陳氏八木蛛		
385. *Yllenus albocinctus*	Kroneberg, 1875			
386. *Yllenus arenarius*	Simon, 1868			
387. *Yllenus auspex*	O. P.-Cambridge, 1885			
388. *Yllenus bajan*	Proszynski, 1968			
389. *Yllenus bator*	Proszynski, 1968			
390. *Yllenus flavociliatus*	Simon, 1895	黃絨樹跳蛛		
391. *Yllenus hamifer*	Simon, 1895			
392. *Yllenus maoniuensis*	Liu, Wang , Peng, 1991			*Philaeus maoniue*
393. *Yllenus namulinensis*	Hu, 2001			
394. *Yllenus pseudobajan*	Logunov , Marusik, 2003			
395. *Yllenus robustior*	Proszynski, 1968	粗樹跳蛛		
396. *Zebraplatys bulbus*	Peng, Tso, Li, 2002	球斑馬蛛	TW	
397. *Zeuxippus pallidus*	Thorell, 1895	白長腹蠅虎		
398. *Zeuxippus yunnanensis*	Peng , Xie, 1995	滇長腹蠅虎		

參考文獻

Allan, R.A., Capon, R.J., Brown, W.V. and Elgar, M. A. 2002. Mimicry of host cuticular hydrocarbons by salticid spider Cosmphasis bitaeniata that preys on larvae of tree ants Oecophylla smaragdina. J. Chem. Ecol. 28(4): 835 - 48.

Bao, Y.H. and Peng, X.J. 2002. Six new species of jumping spiders (Araneae: Salticidae) from Hui-Sun Experimental Forest Station, Taiwan. Zoological Studies. 41(4): 402 - 411.

Bartos, M. 2005. The life history of Yllenus arenarius (Araneae, Salticidae) - evidence for sympatric populations isolated by the year of maturation. J. Arachnol. 33(2): 214 - 221.

Buddle, C.M. and Shorthouse D.P. 2000. Jumping Spiders of Canada. Newsletter of the Biological Survey of Canada (Terrestrial Arthropods). 19(1).

Cohen, E. and Quistad, G.B. 1998. Cytotoxic effects of arthropod venoms on various cultured cells. Toxicon. 36(2): 353-8.

Elias. D.O., Mason, A.C., Maddison, W.P., and Hoy, R.R. 2003. Seismic signals in a courting male jumping spider (Araneae: Salticidae). J. Exp. Biol. 206(22): 4029-39.

Forster, L.M. 1979. Visual mechanisms of hunting behavior in Trite planiceps, a jumping spider. New Zealand Journal of Zoology. 6: 79-93.

Forestor, L.M. 1982. Non-visual pre-capture in Trite planiceps, a jumping spider (Araneae, Salticidae). J. Arachnol. 10: 179 - 183.

Hamada, T. and Yoshikura, M. 1992. [Studies on the spiders as folk medicines (II). Species of the medicinal spiders in Japan. Yahushigaku Zasshi. 27 (1): 13-9.

Harland, D.P., Jackson, R.R. and Macnab, A.M. 1999. Distances at which jumping spiders (Araneae: Salticidae) distinguish between prey and conspecific rivals. J. Zool. 247(3): 357 - 364.

Harland, D.P. and Jackson, R.R. 2000. "Eight-legged cats" and how they see - a review of recent research on jumping spiders (Araneae: Salticidae) Cimbebasia. 16: 231 - 240.

Hoefler, C.D., Chen, A. and Jakob, E.M. 2006. The potential of a jumping spider, Phidippus clarus, as a biocontrol agent. J. Econ. Entomol. 99(2): 432-6.

Jackson, R.R. 1986. Use of pheromones by males of Phidippus johnsoni (Araneae, Slaticidae) to detect subadult females that are about to molt. J. Arachnol. 14: 137 - 139.

Jackson, A. 2000. "Portia fimbriata" (On-line), Animal Diversity Web. Accessed August 20, 2006 at http://animaldiversity.ummz.umich.edu/site/accounts/information/Portia_fimbriata.html.

Jackson, R.R., Pollard, S.D., Nelson, X.J., Edwardsm G.B. and Barrion, A.T. 2001. Jumping spiders (Araneae: Salticidae) that feed on nectar. J. Zool. Lond. 255: 25-29.

Jackson, R.R., Neison, X.J. and Sune, G.O. 2005. A spider that feeds indirectly on vertebrate blood by choosing female mosquitoes as prey. Proc. Natl. Acad. Sci. U.S.A. 102(42): 15155-60.

Kesel, A.B., Martin, A., Seidi, T. 2003. Adhesion measurements on the attachment devices of the jumping spider Evarcha arcuata. J. Exp. Biol. 206 (16) 2733-8.

Koh, J.K.H. 1989. A Guide to Common Singapore Spiders. Singapore Science Centre, Singapore.

Land, M.F. 1969. Structure of the retinae of the principal eyes of jumping spiders in relation to visual optics. Journal of Experimental Biology. 57: 443.

Land, M.F. 1969. Movements of the retinae of jumping spiders in response to visual stimuli. Journal of Experimental Biology. 51:771.

Levi, H.W. and Levi, L.R. 1987. Spiders and their Kin. Golden Press, New York. ISBN 0-307-24021-5.

Li. D. 2000. Prey preference of Phaeacius malayensis, a spartaeine jumping spider (Araneae: Salticidae) from Singapore. Can. J. Zool. 78(12): 2218 - 2226.

Li, D., Jackson, R.R. and Lim, M.L.M. 2003. Influence of background and prey orientation on an ambushing predator's decisions. Behavious. 140(6): 739 - 764.

Li, D. and Jackson, R.R. 2005. Influence of diet-related chemical cues from predators on the hatching of egg-carrying spiders. J. Chem. Ecol. 31(2): 333 - 42.

Lim, M.L. and Li, D. 2006. Behavioural evidence of UV sensitivity in jumping spiders (Araneae: Salticidae). J. Comp. Physiol. A Neuroethol Sens. Neural Behav. Physiol. 192(8): 871-8.

Maddison, W.P. and Hedin, M.C. 2003. Jumping spider phylogeny (Araneae: Salticidae). Invertebrate Systematics. 17: 529 - 549.

Nakamura, T. and Yamashita, S. 2000. Learning and discrimination of colored papers in jumping spiders (Araneae, Salticidae). J. Comp. Physiol. 186(9): 897-901.

Nelson, X.J., Jackson, R.R., Edwards, G.B. and Barrion, A.T. 2005. Living with the enemy: jumping spiders that mimic weaver ants. J. Arachnol. 33: 813 - 19.

Nelson, X.J. and Jackson, R.R. 2006. Compound mimicry and trading predators by the males of sexually dimorphic Batesian mimics. Proc. Biol. Sci. 273(1584): 367-72.

Peaslee, A.G. and Wilson, G. 1989. Spectral sensitivity in jumping spiders (Araneae, Salticidae). J. Comp. Physiol. 164(3); 359-63.

Peng, S.J., Li, S. and Yang, Z.Z. 2004. The jumping spiders from Dalli, Yunan, China (Araneae: Salticidae). The Raffles Bulletin of Zoology. 52(2): 413 - 417.

Peng, X.J., Tso, I.M. and Li, S.Q. 2002. Five new and four newly recorded species of jumping spiders from Taiwan (Araneae: Salticidae). Zoological Studies. 41 (1): 1 - 12.

Platnick, N.I. 2006. The World Spider Catalog, Version 7.0. American Museum of Natural History. Online at http://research.amnh.org/entomology/spiders/catalog/index.html

Rajashekhar, K.P. and Siju, K.P. 2003. Pretendung to be a predator: Wasp-like mimicry by a salticid spider. Current Science. 85(8): 1124-1125.

Romero, G..Q., Mazzafera, P., Vasconcellos-Neto, J. and Trivelin, P.C. 2006. Bromeliad=living spiders improve host plant nutrition and growth. Ecology. 87 (4): 803-8.

Schmitz, A. and Perry, S.F. 2001. Bimodal breathing in jumping spiders: morphometric partitioning of the lungs and tracheae in Salticus scenicus (Arachnida, Araneae, Salticidae). J. Exp. Biol. 204(24): 4321-34.

Sherriffs, W.R. 1939. Hong Kong Spiders Part VI. The Hong Kong Naturalist. 9(4): 193-198.

Song, D.X., Zhang, J.X., Li, D. 2002. A Checklist of Spiders from Singapore (Arachnida: Araneae). The raffles Bulletin of Zoology. 50(2): 359-388.

Taylor, P.W., Jackson, R.R. and Robertson, M.W. 1998. A case of blind spider's buff?: prey-capture by jumping spiders (Aranea, Salticidae) in the absence of visual cues. The Journal of Arachnology. 26: 369 - 381.

UK Species Checklist for Salticidae from www.mapmate.co.uk/checklist

Wu, K.Y. 1998. Variation in Hong Kong spider communities: the effects of season and habitat (Master thesis). University of Hong Kong, Hong Kong.

Zhang, J.N. and Li, D. 2005. Four new and one newly recorded species of the jumping spiders (Araneae: Salticidae: Lyssomaninae & Spartaeinae) from (sub) tropical China. The Raffles Bulletin of Zoology. 53(2): 221 - 229.

王昌貴、陳冬、王培雲，2000。黑貓跳蛛生物學特性的研究簡報，山東林業科技。(3)：16-18。

宋大祥， 1990 。狼蛛、蟹蛛和跳蛛，生物學通報。11：9-11。

宋大祥、陳壯全、龔聯遡，1990。奎孔蛛(跳蛛科)雌蛛記述，四川動物。9 (1)：15-16。

宋大祥、陳壯全，1991。我國雀跳蛛屬一新種，動物分類學報。 16 (4)：424-427。

宋大祥、周娜麗、王玉蘭，1991。考氏伊蛛雌蛛的描述，動物分類學報。 16 (2)：248-249。

宋大祥、柴建原，1992。中國西南武陵山區跳蛛新種記述，新疆大學學報(自然科學版)。9 (3)：76-86。

宋大祥、龔聯遡， 1992 。中國格德蛛屬一新種，動物分類學報。 17 (3)：291-293。

宋大祥、胡嘉儀，1997。香港蜘蛛初報，河北師範大學學報（自然科學報）。21(2): 186-192。

宋大祥、謝莉萍、朱明生、胡嘉儀，1997。香港跳蛛記述（蜘蛛目：跳蛛科），四川動物。 16(4): 149-152。

宋大祥、朱明生， 1998 。中國跳蛛科(蜘蛛科)二新種，蛛形學報。7 (1)：26-29。

肖小芹， 1991 。螺旋哈蛛雌蛛的描述，動物分類學報。 16 (3)：383-384。

肖小芹、尹長民，1991。中國跳蛛科兩新種記述，動物分類學報。 16 (1)：48-53。

肖小芹、尹長民，1991。中國杯蛛屬一新種，動物分類學報。 16 (2)：150-152。

肖小芹， 1993 。朝鮮伊蛛雄蛛的描述，動物分類學報。 18 (1)：123-124。

肖小芹，2000。中國閃蛛屬一新種記述，動物分類學報。 25 (3)：282-284。

肖小芹，2002。中國蟻蛛屬一新種記述，動物分類學報。 27 (3)：477-478。

肖小芹、汪世平， 2004 。中國雲南蟻蛛屬一新種記述，動物分類學報。 29 (2)：263-265。

肖小芹、汪世平，2005。中國蛤莫蛛屬一新種記述，動物分類學報。 30 (3)：527-528。

何森、胡金林， 1999 。雲南伊蛛屬一新種，蛛形學報。8 (1)：32-33。

林明杰，1985。安德遜蠅虎的生活史及求偶行為之研究，東海大學生物學系碩士論文。台灣。

昆蟲學名詞審定委員會， 2001 。昆蟲學名詞2000，科學出版社。北京。

香港特別行政區政府新聞處，2006。香港便覽 – 郊野公園及自然護理。香港

胡金林，1990。我國扁蠅虎 - 新紀錄，棗莊師專學報(自然科學版)。 7 (4)：109-112。

陳世煌，2001。台灣常現蜘蛛圖鑑，行政院農業委員會出版。台灣。

唐迎秋、楊友桃，1995。甘肅白水江自然保護區跳蛛區系研究，甘肅科學學報。 7 (2)：54-56。

唐迎秋、楊友桃，1995。甘肅省跳蛛新紀錄，甘肅科學學報。7 (3)：61-63。

唐迎秋、楊友桃，1997。中國孔蛛屬一新種，動物分類學報。 22 (4)：353-355。

黃俊男，2004。台灣蟻蛛屬蜘蛛分類研究，國立中山大學生物科學研究所碩士論文，台灣。

彭賢錦，1989。中國跳蛛科新記錄種，湖南師範大學自然科學學報。 12 (2)：158-165。

彭賢錦、尹長民，1991。中國金希蛛屬五新種，動物分類學報。 16 (1)：35-37 。彭賢錦， 1992 。中國跳蛛科兩新記錄種的報導，蛛形學報。 1 (2)：10-12。

彭賢錦，1992。中國追蛛屬兩新記錄種的報導，激光生物學。 1 (2)：83-85。

彭賢錦、謝莉萍，1993。我國蠅犬屬一新種及長觸螯蛛雌蛛的描述，蛛形學報。 2 (2)：80-83。

彭賢錦、謝莉萍、肖小芹，1993。中國跳蛛，湖南師範大學出版社。

彭賢錦、謝莉萍，1995。我國長腹蠅虎屬一新種，蛛形學報。 4 (2)：134-136。

彭賢錦， 1995 。中國南方跳蛛兩新種，動物分類學報。 20 (1)：35-38。

彭賢錦、謝莉萍，1996。中國閃蛛屬一新種，動物分類學報。 21 (1)：32-34。

彭賢錦、李樞強，2002。中國廣西十萬大山八木蛛屬一新種，動物分類學報。 27 (2)：238-240。

彭賢錦、李樞強，2002。中國廣西兩種跳蛛記述，動物分類學報。 27 (3)：469-473。

彭賢錦、李樞強， 2002 。中國甘肅?蠅虎屬一新種，動物分類學報。 27 (4)：717-719。

彭賢錦、李樞強，2002。勒氏蟻蛛的重新命名，動物分類學報。 37 (3)：26。

彭賢錦、李樞強、陳建，2003。中國廣西趙氏孔蛛記述，動物分類學報。 28 (1)：50-52。

彭賢錦、李樞強、陳建，2003。中國湖北趙氏合跳蛛記述，動物分類學報。 28 (2)：249-251。

彭賢錦、陳建、趙敬釗，2004。拍狀擬蠅虎雌蛛的補充描述，蛛形學報。 13 (2)：80-83。

彭賢錦、李樞強，2006。中國新跳蛛屬研究，動物分類學報。 31 (1)：125-129。

張永強、宋大祥、朱明生，1992。廣西跳蛛一新種和八新紀錄記述，廣西農業大學學報。 11 (4)：1-6。

張永強， 1995 。廣西蜘蛛名錄(I)，廣西農業大學學報。 14 (1)：35-41。

張鋒、張超，2003。中國蜘蛛二新記錄種記述，河北大學學報(自然科學版)。 23 (1)：51-54。

楊友桃、唐迎秋，1995。東方法老蛛雌蛛的描述，蛛形學報。 4 (2)：142-143。

楊友桃、唐迎秋，1997。跳蛛科二新種記述，蘭州大學學報(自然科學版)。 33 (3)：93-96。

謝莉萍、尹長民，1990。中國合跳蛛屬二新種及三新紀錄種，動物分類學報。 15 (3)：298-304。

謝莉萍、尹長民，1991。中國跳蛛科二新種，動物分類學報。 16 (1)：30-34。

謝莉萍，1993。中國跳蛛科新紀錄種，湖南師範大學自然科學學報。 16 (4)：358-361。

謝莉萍、彭賢錦，1993。中國跳蛛科一新種及二新記錄種記述，蛛形學報。 2 (1)：19-22。

謝莉萍、彭賢錦，1995。中國南方四種跳蛛，動物分類學報。 20 (3)：289-294。

顏亨梅、王洪全、楊海明，1995。中國稻田蜘蛛多樣性研究，生物多樣性研究進展 - 首屆全國生物多樣性保護與持續利用研討會論文集。中國科?技術出版社。440-446頁。 ISBN：7-5046-2163-3

蘇亞、唐貴明，2005。中國跳蛛科四新紀錄種記述，蛛形學報。 14 (2)：83-88。